KB162001

생각과 말로 글을 늘리는
초등 10분 글쓰기

생각과 말로 글을 늘리는 초등 10분 글쓰기

초판 발행 2021년 8월 7일

지은이 강근영 / **펴낸이** 김태헌
총괄 임규근 / **책임편집** 권형숙 / **기획편집** 김희정 / **교정교열** 박정수 / **디자인** 섬세한 곰
영업 문윤식, 조유미 / **마케팅** 박상용, 손희정, 박수미 / **제작** 박성우, 김정우

펴낸곳 한빛라이프 / **주소** 서울시 서대문구 연희로2길 62 한빛빌딩
전화 02-336-7129 / **팩스** 02-325-6300
등록 2013년 11월 14일 제 25100-2017-000059호 / **ISBN** 979-11-90846-22-6 13590

한빛라이프는 한빛미디어(주)의 실용 브랜드로 우리의 일상을 환히 비추는 책을 펴냅니다.

이 책에 대한 의견이나 오탈자 및 잘못된 내용에 대한 수정 정보는 한빛미디어(주)의 홈페이지나 아래 이메일로
알려주십시오. 잘못된 책은 구입하신 서점에서 교환해 드립니다. 책값은 뒤표지에 표시되어 있습니다.
한빛미디어 홈페이지 www.hanbit.co.kr / **이메일** ask_life@hanbit.co.kr
페이스북 facebook.com/goodtipstoknow / **포스트** post.naver.com/hanbitstory

지금 하지 않으면 할 수 없는 일이 있습니다.
책으로 펴내고 싶은 아이디어나 원고를 메일(writer@hanbit.co.kr)로 보내주세요.
한빛라이프는 여러분의 소중한 경험과 지식을 기다리고 있습니다.

1분 생각과 **3**분 말로 **10**분 글을 늘리는

초등
10분
글쓰기

강근영 지음

HB 한빛라이프

아이들의 글쓰기 날씨는
오늘도 '맑음'입니다

십 년을 되돌아봐도 글쓰기 시간에 아이들이 짓는 난감한 표정과 공책 앞에서 막막해하는 모습은 매번 똑같습니다. 꽤 오래 글쓰기를 가르쳐왔지만 힘들어하는 아이들을 변화시켜 글을 쓰게 만들기란 늘 쉽지 않습니다. 그럴 때마다 내가 넘어서지 못하면 아이들을 도와줄 수 없다는 마음으로 쉬지 않고 글쓰기를 가르치는 일에 매진해왔습니다.

좀 괜찮아진다 싶었는데 한고비를 넘기지 못하고 포기하거나 더급한 다른 과목 수업에 밀려 글쓰기를 중단하는 아이들을 볼 때마다 애가 탔습니다. 사실은 포기하고 중단하는 게 아이들 탓이 아닌데 모든 책임은 아이들의 그 작은 고사리 손과 두리번거리는 눈과 열심히 굴려도 뾰족한 수 없는 머리로 돌려지는 듯 보여 안타까울 때도 많았습니다.

물론 더 많은 시간이 기쁨입니다. 한참 수업을 하다 아이들 얼굴을 봤는데 어느 날엔 환하게 빛을 내며 글을 쓰는 아이들이 보입니다. 그런 날엔 사막에서 오아시스를 만난 양 달콤하고 시원한 힘이 솟습니다. 글쓰기 수업 내내 서로에게 시원한 그늘이 되어주고 달콤한 웃음을 전할 수 있었던 건 아이들이 사막에서 길어 올린 샘물 같은 글 덕분이었습니다. 그런 시간이 쌓여 이렇게 한 권의 책이 나왔습니다. 아이들의 승리이자 아이들이 쌓아준 노력 덕분입니다.

"왜 글을 써야 해요? 글 안 쓰고 살면 안 돼요?"
"우리 애는 글을 너무 못 써요. 어떻게 하면 나아질까요?"

글쓰기 수업을 처음 열었을 때부터 지금까지 끝나지 않는 질문과 하소연입니다. 경험이 부족해 제대로 답하지 못했던 시절도 있었지만, 지금도 언제 어디서나 누구에게나 통하는 답을 내놓지는 못합니다. 그럼에도 아이 한 명 한 명에게 맞는 답은 어렵지 않게 내놓고 있습니다. 그동안 함께 글을 써준 아이들 덕분입니다. 우리들의 시간과 노력으로 내놓은 답이 글쓰기로 고민하는 아이들과 부모님들 손에 너무 늦지 않게 전해지길 바랍니다.

책을 읽고 어제까지 '흐림'이었던 글쓰기가 오늘은 '맑음'이 되길 바랍니다. 아이들의 글쓰기 공책에 햇살이 환하게 비치길 바랍니다. 언젠가는 지금의 아이들이 자라 미래의 아이들을 마주하게 될 때가 올 겁니다. 그때도 이 책의 내용이 그들의 아이들과 아이들에게까지 전해지길 욕심내봅니다.

글쓰기에 지름길은 없지만 걷기에 편안한 길, 즐거운 길, 따스한 길은 있습니다. 중간중간 구불구불하거나 가파른 길을 만나도 부모가 아이의 손을 맞잡고 걸어준다면 어렵지 않게 통과할 수 있을 겁니다.

이 책에 실린 모든 이야기와 방법은 아이들이 제게 가르쳐준 희망이며 증거이며 꿈입니다. 아이들이 글쓰기의 희망, 글이 써지는 증거, 글쓰기를 향한 꿈에 기대 언제라도 쓰고 싶은 글을 쓸 수 있길 바랍니다.

대학교 시절 처음으로 아이들에게 글쓰기를 가르쳤습니다. 그때 글쓰기 시간만 되면 눈동자는 갈 곳을 잃다가 교실 천장을 향하는 아이가 있었습니다. 언젠가 아이가 물었습니다.

"선생님, 우린 왜 살아야 해요? 저는 글 쓰는 시간이 되면 항상 고민해요. 나는 왜 사는가!"

그 물음에 저는 물론 교실에 있던 아이들이 모두 웃음을 터트렸습니다. 그런데 시간이 지나도 그 질문이 자꾸만 떠오릅니다. 매번 답이 조금씩 바뀌지만 오늘은 '어쩌면 글쓰기는 우리가 왜 살아야 하고, 어떻게 살아야 하는지 알려주는 답이 아닐까?'라고 답합니다. 아이들은 살아가면서 질문하고 대답하며 수많은 이야기들을 만들어냅니다. 그것을 생각하며 기록하고 자신만의 철학으로 정립해가는 것. 그것이 바로 글쓰기의 힘입니다.

이런 글쓰기, 함께하고 싶지 않나요?
이제 글쓰기로 나아갈 시간입니다.

차례

3장 습관으로 늘리는 글쓰기 11

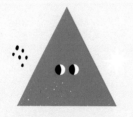

1장

아이와 글쓰기

01

글쓰기는
어렵고 힘들어요

"우리 애는 책 읽기는 좋아하는데 글쓰기는 부담스러워해요."

"어릴 땐 공책에 빼곡히 일기를 썼는데, 날이 갈수록 짧아져요."

"우리 애는 말수도 적어요. 그래서 글도 두세 줄 쓰면 끝이에요."

"책은 그나마 읽는데 글은 한두 줄 쓰고 그마저도 힘들어해요."

"우리 애는 말은 좀 하는데 글은 무슨 내용인지 모르게 써요."

"일기를 쓰라고 하면 아침에 일어나서 저녁에 잘 때까지 일어난 일을 쭉 나열해요."

"독서록을 보면 줄거리만 짧게 넣고 늘 '재밌었다'로 마무리해요. 이래도 괜찮은 건가요?"

부모들에게 가장 많이 듣는 말입니다. 이렇게 말하는 분도 처음에는 '아직 초등학생인데 글을 못 쓰는 게 당연하지' 하며 짐짓 여유를 부렸습니다. 문제는 시간이 지나도 아이 글이 도무지 나아지지 않는다는 겁니다. 게다가 누군가는 글쓰기 상을 받았다고 하고, 누군가는 글쓰기 학원을 다닌다는 소식이 들려옵니다. 여기에 더해 '2022 개정 교육과정'이 도입되면 글쓰기가 더욱 중요해진다는 기사를 보고 나니 이대로는 안 되겠다 싶어 저를 찾아와 하소연합니다.

초등학생 시절부터 글쓰기를 두드러지게 잘하는 아이가 있습니다. 타고난 아이들입니다. 그런데 그런 아이는 한 반에 한 명 있을까 말까입니다. 그만큼 드뭅니다. 부모 눈에는 한참 부족해 보이는 글이지만 또래 아이들은 다 비슷하게 못 씁니다. 당연합니다. 아이들은 글쓰기를 제대로 배워본 적도 없거니와 글을 쓰기 시작한 지도 얼마 안 되었기 때문입니다.

아이가 글을 잘 쓰느냐 못 쓰느냐보다는 아이가 글쓰기를 좋아하는지 싫어하는지를 먼저 물어봐주세요. 저도 글쓰기 수업을 하면서 꼭 묻는 말입니다. 어떤 아이는 제대로 묻기도 전에 '싫다'는 반응을 보입니다. 곧잘 쓰는 아이인데도 "별로 좋아하지 않아요"라고 말하기도 하고요. 간혹 "몰라요"나 "글쎄요"처럼 답을 피하는 아이도 있습니다. 분명한 사실은 평가받는 걸 부담스러워하는 아이일수록 자신의 생각을 확실하게 말하지 못하고 망설인다는 겁니다.

물론 글쓰기를 '좋다'와 '싫다'로 딱 잘라 말하기엔 애매합니다. 싫을 때도 있지만 좋을 때도 있으니까요. 어떨 땐 죽도록 쓰기 싫고 쓰는 내내 힘들지만, 어떨 땐 술술 잘 써져서 재밌기도 합니다. "쓸 때 힘들어서 싫었는데 막상 쓰고 나니 좋았어요"라고 말하는 아이도 있습니다.

왜일까요? 그날의 몸 상태나 기분에 따라 달라질 수 있고, 아이가 현재 처한 환경이나 상황에 따라 달라질 수 있습니다. 좋고 싫고를 결정하는 요소는 여러 가지지만 한 가지 공통점을 찾았습니다. 바로 '주제'였습니다.

아이들은 자기가 관심 있어 하는 주제가 나오면 흥미를 보였고, 자기에게 필요한 주제가 나오면 집중했습니다. 아이들은 자신의 관심 분야를 말할 때는 신이 나서 떠듭니다. 좋아하는 만화책이나 게임을 설명할 때를 떠올려보세요. '이렇게 차분하게 설명을 잘하는 아이였나?' 싶을 정도로 말을 잘해서 놀라곤 합니다.

실제로 아이에게 마인크래프트를 배웠다는 엄마를 본 적이 있습니다. 평소 꽤 무뚝뚝한 아이였는데 엄마가 마인크래프트에 흥미를 보이자 가르쳐주겠다며 나서더니 세상 친절한 선생님으로 바뀌더라는 겁니다. 아마 아이의 말을 글로 옮겼다면 그 어떤 게임 설명서보다 훌륭했을 겁니다.

아이는 자신에게 꼭 필요하다고 여기는 주제를 만날 때도 목소리를 높입니다. 아이가 부모와 말싸움할 때를 떠올려보세요. '이 아이가 이렇게 논리적으로 말을 했던가?' 싶을 정도로 말을 잘할 때가 있습니다. 무엇을 좋아하고, 무엇을 더 하고 싶으며, 왜 기분이 나쁜지 등을 한참 지난 일(경험)까지 들먹이며 자신의 논리(사고)로 목소리를 높여 외칩니다(주장). 대개 말대꾸로 여겨 흘려듣지만 자세히 들어보면 발표문과 다름없습니다. 글로 옮겨 적으면 그게 바로 논설문입니다.

좋아하는 주제와 필요한 주제라면 말로도 잘하지만 글로 쓰라고 해도 생각보다 잘 쓰는 게 아이들입니다. 이렇게 잘할 아이들인데 왜 글쓰기를 싫다고만 할까요? 글쓰기보다 더 재미있고 더 원하고 더 즐거운 게 있기 때문입니다. 글쓰기보다 노는 게 좋고, TV와 유튜브 보는 게 좋고, 부모랑 친구랑 떠드는 게 좋아서입니다. 졸리거나 피곤하거나 모든 게 귀찮은 날일 수도 있고요.

쓰기 싫은데 자꾸 쓰라고 하면 아이는 '글쓰기=하기 싫은 일'이라고 입력합니다. 수업을 해보면 고학년 아이일수록 "졸리다", "피곤하다", "오늘 학원 수업만 세 시간째라 힘들다"라며 신세를 한탄하기도 합니다. "배가 고프다"나 "놀고 싶다"라는 말은 입버릇처럼 달고 다니기도 합니다.

아이들은 부모에게 "글쓰기는 어렵고 힘들어요"라고 말합니다. 그런 아이를 보며 부모는 아이가 '글쓰기를 싫어한다'고 받아들입니다. 하지만 아이들이 글쓰기를 싫어만 하는 건 아닙니다. 이야기를 더 나눠보면 "(어렵고 힘들지만) 잘하고 싶어요", "(어렵고 힘들어서) 안 하고 싶지만 가끔은 좋아요", "(어렵고 힘들지만) 막상 해봤더니 좋았어요", "(어렵고 힘들지만) 좀 더 해볼래요"라고 말합니다.

그럼에도 해보겠다는 아이들을 위해 부모는 멍석을 깔아줘야 합니다. 처음에는 머뭇대지만 차츰 뒹굴뒹굴 노는 듯하다 어느새 신나게 뛰어놉니다. 그런 아이를 수없이 봐왔습니다.

글쓰기 멍석은 다름 아닌 여유로운 시간과 쓰고 싶은 마음과 관심 있는 주제입니다. 이것이 제대로 된 글쓰기 멍석입니다. 모든 일이 그렇듯 글쓰기 역시 어릴 때부터 멍석 깔기를 시작해서 유도하는 것이 좋습니다.

아이들을 볼 때 글쓰기 관점으로만 보지 말고 아이의 마음과 전후 상황을 헤아려보길 바랍니다. 내 아이가 '지금' 글을 쓸 타이밍인지 살펴봐주세요. 적절한 타이밍이다 싶을 때 써볼 수 있습니다. 어떻게 쓰도록 할지, 어떻게 도와줘야 할지는 계속해서 이야기를 풀어가겠습니다.

02

글쓰기가
조금씩 좋아져요

아이들에게 글쓰기가 왜 어렵고, 어떨 때 쓰기 싫고, 무엇이 부담스러운지 한 번씩 물어봅니다. 가만히 둬도 잘 쓰는 아이라면 아주 살짝만 도와줘도 훨씬 잘 쓰게 됩니다. 반대로 글쓰기를 어려워하고 힘들어하는 아이라면 제대로 도와줘야 합니다. 그렇게 하지 않으면 나아지지 않습니다. 글쓰기를 힘들어하는 이유가 무엇인지 이런저런 말을 하면서 찾아보려고 합니다.

마주 앉아 수업하는 윤진이와 재준이에게도 이유를 물어봤습니다. 둘은 한 살 터울 남매입니다. 평소 성실하고 침착한 윤진이는 이렇게 답했습니다.

글쓰기를 싫어하는 이유

1. 요즘 1학년부터 6학년까지 대부분 스마트폰이 있어서 뇌가
   생각하지 않으려고 하기 때문이다.
2. 스마트폰에 길들여져서
3. 글쓰기의 재미를 몰라서
4. 지루해서
5. 글을 너무 많이 쓰면 팔이 아파서
6. 글 쓰다가 연필심이 닳아 깎기 싫어서

많은 아이들이 '팔이 아프다'와 '연필심이 닳아 깎기 싫다'를 글쓰기를 싫은 이유로 댑니다. 재밌는 건 글쓰기를 싫어하는 아이치고 팔이 아플 정도로 글을 길게 많이 자주 쓰는 아이는 보지 못했습니다. 딱 좋은 핑곗거리지만 진짜 이유가 아닙니다.

연필심이 문제라고 해서 연필을 잔뜩 깎아 책상 위에 펼쳐두고 마음껏 쓰라고 한 적도 있습니다. 아이들은 연필을 깎아 바친 정성에 감복하기는커녕 아랑곳하지 않고 샤프연필을 꺼내 썼고, 정작 글이 잘 써질 땐 연필심이 뭉툭해지건 말건 써나갔습니다.

진짜 이유는 1, 2, 3일 겁니다. 스마트폰에 길들여진 요즘 아이들에게 아날로그 작업은 꽤 지루하고 힘든 작업입니다. 태어나자마자 디지털 기기를 자유자재로 만지고 논 아이들에게 연필로 쓰는

글은 낯설고 불편합니다. TV와 유튜브 속 화려한 영상에 익숙해진 아이들에게 흰 종이에 써진 까만 글자는 따분하고 지루합니다.

영상은 별 생각 없이 가만히 보고 있으면 웃기기도 하고 슬프기도 합니다. 하지만 글은 집중해서 읽어야 겨우 이해가 됩니다. 글 읽기도 겨우 하는데 글쓰기라니요. 가만히 있어도 나를 웃겨주는 친절하고 재미있는 영상 대신 굳이 내가 집중해 봐야 이해가 될까 말까 한 불친절한 글쓰기를 좋아하기란 쉽지 않습니다.

한없이 밝고 솔직한 개구쟁이 재준이는 뭐라고 답했을까요?

싫다!

글씨를 쓰면 팔이 아파서!

글씨를 잘 못 쓰면 지우개로 지워야 하니깐 귀찮아서!

'지우개로 지워야 하니까 귀찮아서'는 윤진이가 쓴 '연필심이 닳아 깎기 싫어서'와 비슷해 보입니다. 연필을 깎기도 싫고 지우기도 귀찮을 만큼 글쓰기가 힘들다는 아이를 어떻게 해야 할까요? 핑계라는 걸 알지만 아이가 글을 한 줄이라도 더 쓸 수 있도록 연필을 깎아주고 지우개로 글자를 지워줘야 합니다. 매번 계속 해줄 수 없지만 일단은 그렇게라도 해서 핑곗거리를 없애줘야 합니다.

핑곗거리를 하나둘 없애다 보면 진짜 이유가 드러나기도 합니다. 그래야 우리는 한 걸음 더 나아갈 수 있습니다. 설사 진짜 이유가 드러나지 않더라도, 한 줄이라도 더 쓰게 만들 수만 있다면 그렇게 해야 합니다. 그래야 고쳐 쓰든 새로 쓰든 할 수 있을 테니까요.

내친 김에 '어떤 지우개가 좋은 지우개일까?'를 주제로 토론을 했습니다. 잘 지워지고, 가볍고, 가루가 적게 나오고, 크기가 적당하고, 내 마음에 드는 지우개가 좋은 지우개라는 데 의견이 모아졌습니다. 그렇게 가벼운 주제로 이야기를 나눌 때 아이들은 웃으면서 이야기하고 흔쾌히 자기 생각을 말합니다. 관심도 있고, 경험도 풍부하며, 자신의 생각을 분명하게 표현할 수 있는 주제기 때문입니다.

글쓰기 주제는 전략적으로 정해야 합니다. 이 시대에 필요한 정의, 사고, 판단이 서야 쓸 수 있는 주제는 중학생 이후로 미뤄도 괜찮습니다. 초등 시기에는 자신의 생각과 마음을 말과 글로 표현하는 데 익숙해지도록 도우면 충분합니다.

얼마 지나지 않아 재준이는 글쓰기에 대해 '좋아진다'라는 글을 써주었습니다.

좋아진다.
글씨를 쓰면 기분이 좋아진다.
글씨를 쓰면 그동안 글씨를 쓴 게 보람이 느껴진다.

글을 읽는데 웃음이 나면서 뭉클했습니다. 재준이는 지금이야 장난기 많은 개구쟁이지만 첫 수업에선 입을 꾹 닫고 좀처럼 웃지도 않았습니다. 수업이 계속 되고 여러 질문이 오가면서 차츰 마음을 여나 싶더니 어느새 입이 열렸습니다. 그러더니 저렇게 '좋아진다'라는 글을 써줬습니다. 초등 글쓰기는 점점 더 '좋아지는' 게 먼저입니다. 잘 써서 좋아지는 아이도 있지만 드뭅니다. 대개는 쓰다 보니 좋아지고, 좋아하니 잘 써집니다.

'글쓰기＝힘들지만 막상 써봤더니 좋은 일'이 되게 하려면 어떻게 해야 할까요? 일단 글쓰기가 생각보다 어렵지 않다는 걸 경험으로 알게 해야 합니다. 아이의 마음 읽기로 시작하면 좋습니다.

수업을 해보면 아이들은 마음을 꽤 잘 표현합니다. 아이는 자신의 말에 귀 기울여주는 사람을 만나면 더 많은 이야기를 꺼냅니다. 그러면서 자연스럽게 속마음을 드러냅니다. 마음 읽기는 수업할 때 가장 신경 쓰는 부분인데, 매일 아이와 함께하는 부모라면 더 잘할 수 있는 부분입니다. 그렇게 정리한 생각과 드러낸 마음을 글로 이어지도록 독려하는 것이야말로 초등 글쓰기의 목표입니다.

아이들에게 글쓰기가 좋아지는 경험을 선물해주세요. 글쓰기가 좋아지려면 마음을 먼저 열어야 합니다. 아이가 마음을 열고 다가오는 순간이 있습니다. 그 순간이 글쓰기의 시작입니다. 수업을 하면서 확실히 알게 된 건 마음을 열어야 입을 떼고, 입을 떼야 글을 쓰며, 그렇게 쓴 글은 점점 더 좋아진다는 사실입니다. 글쓰기도 마음이 먼저입니다.

잠깐 짚고 넘어갈 게 있습니다. 흔히 '글씨 쓰기'와 '글쓰기'를 하나로 묶어 보는 경향이 있습니다. 물론 글씨도 잘 쓰고 글도 잘 쓰면 좋겠지요. 하지만 글씨는 저학년일수록 쓰는 걸 힘들어하고, 고학년일수록 귀찮아합니다. 개중에는 글씨를 쓰고 꾸미는 걸 좋아하는 아이가 있지만 드뭅니다. 대개는 글씨가 예쁘게 써지지도 않고 조금만 오래 쓰면 손가락이 아프니 좋아할 리가 없습니다. 그런 아이들이지만 쓰고 싶은 글이 있으면 손가락이 아픈 것도 까맣게 잊고 연필에 날개를 단 듯 종이 한가득 글을 채워 씁니다.

결국 글씨를 잘 쓰건 못 쓰건 아이들은 멍석만 잘 깔아주면 글을 잘 쓸 수 있다는 말입니다. 멍석은 아이들에게 다각도로 흥미를 유발하고, 직접 해보는 경험을 반복해서 갖춰주는 것입니다. 이쯤 해서 부모님들은 멍석 깔기에 대해 더 자세히 알고 싶을 겁니다. 2장 이후에 구체적인 이야기를 풀어두었으니 걱정 마세요. 그럼 다음 이야기로 넘어가보겠습니다.

03

나도 글쓰기를
잘하고 싶어요

한두 번 수업을 받아보면 아이들도 모두 압니다. '누가' '누구와 누구'보다 글을 더 잘 쓰는지를요. 저는 물론 누구도 따로 평가를 하지 않지만 아이들은 압니다. 친구와 쓴 글을 바꿔 보기도 하고, 안 보여주는 글을 곁눈으로라도 꼭 봅니다. 때로는 과소하게 때로는 과대하게 평가하지만 어쨌든 스스로 비교하고 평가합니다.

'어, 나보다 잘 썼네!'

아이들이 글을 비교하고 평가하는 이유는 잘 쓰고 싶어서입니다. 수업을 해보면 그 마음이 절절하게 전해집니다. 아이들은 잘 써지지 않아 머리가 아픕니다. 머리를 잘 굴려도 밑천이 금방 드러납니다. 그때마다 아이들은 괴로워합니다.

어른들이 보기에는 고쳐 써도 별반 차이 없어 보이는 문장이라도 아이들은 이리 썼다 저리 썼다 지우고 다시 쓸 때가 있습니다. 저는 그런 아이들을 보면서 글을 잘 쓰려면 평소에 책을 많이 읽고 생각도 많이 해야 한다고 일러줍니다.

듣기엔 너무 뻔하고 실천하기는 힘든 일이지만 이보다 확실한 방법은 아직 없습니다. 글쓰기를 잘하고 싶은 아이들은 이런 뻔한 말에도 눈을 반짝이며 듣습니다. 참으로 고마운 아이들입니다. 글쓰기를 잘하고 싶어하는 아이들은 태도도 조금 다릅니다.

① 한참 생각했다 찡그렸다 시시각각 표정이 바뀝니다.
② 잘 쓰고 못 쓰고를 떠나, 표현이나 분량을 떠나 온 정성을 다해 글자를 씁니다.
③ 글 쓰는 동안 다른 데 한눈팔지 않고 공책 위에 시선을 고정합니다.
④ 다 쓰고 나서도 지웠다 고쳤다를 반복합니다.
⑤ 자기가 쓴 글이 담긴 공책을 잘 챙깁니다.

어른이나 아이나 마음 가는 데 뜻이 있고, 뜻이 가는 데 몸도 갑니다. 글을 잘 쓰고 싶은 아이는 글자를 하나하나 정성껏 씁니다. 문장을 썼다 지웠다 하면서 자신이 쓴 글을 더 가치 있게 만들고 가치 있게 여깁니다. 그래서 잘 보여주지 않으려고도 합니다. 혼자 가만히 앉아서 뭔가를 그리는 습관이 생기기도 합니다. 혼자 생각에 잠기거나 자기 안의 느낌을 찾기도 합니다.

학교에서는 아이들의 글쓰기 습관을 만들기 위해 일기, 독서록, 편지 등의 과제를 냅니다. 똑같은 숙제지만 반응이 제각각인 건 글을 바라보는 마음이 다르기 때문입니다. 책상 앞에 한참 동안 앉아 있지만 한 줄도 쓰지 못하고 부모가 불러줘야 겨우 쓰는 아이도 있습니다. 부모는 아이가 살아온 날보다 두세 곱절을 더 살았습니다. 그런 부모 눈에는 아이 생각이 한없이 어설프고 서투르며 모자라 보입니다. 그럴 때 부모가 할 일은 대신 생각해서 써주는 게 아니라 기다려주는 겁니다. 처음부터 잘 쓰면 좋겠지만 많은 아이가 그렇습니다. 그래도 괜찮습니다. 지금부터라도 한 줄씩 시작하면 됩니다.

당장 부모가 답답함을 이기지 못해 대신 생각해서 불러주는 대로 쓰게 하거나, 억지로 생각을 꿰맞춰 쓰게 하면 아이는 영영 스스로 생각하지 못합니다. 내 생각이 없으면 자꾸 흔들립니다. 내 생각에 확신이 없으면 글쓰기 자신감이 점점 떨어집니다. 초등 시기엔 글쓰기 실력보다 자신감이 먼저입니다.

내용이 별로일지라도 자신 있게만 쓰면 분명하게 읽힙니다. 누가 봐도 별로지만 내 생각을 자신 있게 쓴 글이라면 남의 생각을 그럴듯하게 베껴 쓴 글보다 낫습니다. 게다가 좀 못 쓰면 어떻습니까? 그맘때는 고만고만하게 못 쓰는 아이가 널렸습니다. 부모만 평가를 하지 않으면 아이가 글 못 쓴다고 기죽을 일도 없습니다.

그렇게 별로인 글도 시간이 흐르고 써버릇하면 늡니다. 아이들은 그렇게 시행착오를 거치면서 더 많이 배웁니다. 부모가 주입한 생각은 결코 아이 생각으로 남지 못하고 사라집니다. 스스로 생각하고 발견한 것만 아이 것으로 남고 발전합니다.

아이들도 글을 잘 쓰려면 어떤 노력을 해야 하는지 잘 압니다. 번거롭고 귀찮고 힘들지만 실천에 옮길 수 있도록 부모는 도와주면 됩니다. 맞춤법과 띄어쓰기까지 잘 아는 아이는 드뭅니다. 내 아이가 유독 틀리는 게 아니라 다 고만고만합니다. 모든 글자를 띄어 쓰거나 일본어처럼 모든 글자를 붙여 쓰는 게 아니라면 괜찮습니다.

글씨체도 마찬가지입니다. 일단 못 쓴 글씨는 내버려두고 잘 쓴 글씨에 하트와 동그라미를 그어주면서 매일 칭찬해주세요. 조금씩 나아질 겁니다. 설사 나아지지 않더라도 글씨 교정은 미루는 게 낫습니다. 둘을 한꺼번에 잡다간 둘 다 놓칩니다. 일단 글씨보다는 글이 먼저입니다.

글을 쓸 때 필요한 주재료는 어휘입니다. 단어의 사전적 의미를 아는 것과 비유를 통한 문장 짓기 훈련을 꾸준히 하는 것이 어휘력을 키우는 데 도움이 됩니다. 이런 훈련이 실생활에서 이루어질 수 있도록 글쓰기 이전에 말하는 연습을 충분히 하면 좋습니다. 글쓰기를 잘하도록 돕는 다양하고 구체적인 방법은 2장 이후에 자세히 다루겠습니다.

04

아이가 주인공이 되는
글쓰기

내 아이에 대해 가장 잘 알고 가장 잘 도와줄 수 있는 사람은 부모입니다. 부모는 아이 뒷모습만 보고도 기분을 알아챕니다. 아이 표정만 보고도 마음을 읽습니다. 아이 숨소리만 듣고도 기분과 상태를 짐작하는 존재입니다. 아이들도 마찬가지입니다. 부모 숨소리만 듣고도 부모의 감정과 상태를 알아챕니다.

아이들이 어릴 때부터 자신의 감정을 잘 헤아리고 표현할 수 있도록 도와줄 수 있는 부모라면 아이들에게 좋은 글쓰기 선생님이 될 수 있습니다. 그런데 이처럼 중요한 감정에 대해 아이들은 어떻게 느끼고 있을까요? 아이들은 자신의 감정에 대해 몇 가지나 표현할 수 있을까요?

'좋다, 싫다, 기쁘다, 슬프다, 재밌다, 화난다, 예쁘다, 밉다, 자랑스럽다, 부끄럽다, 보고 싶다, …'

이런 표현이 글에 들어가면 문장은 만들어져도 반복해서 자주 쓰면 재미없고 뻔한 글이 됩니다. 재미있고 신선한 글을 계속 써내려가려면 자신의 생각과 감정을 깊고 세밀하게 들여다보고 느끼는 연습이 필요합니다. 미묘한 차이도 알아채고 표현할 수 있도록 처음에는 부모가 도와줘야 합니다.

그럼 생각과 감정을 어떻게 알 수 있을까요? 때 되면 느껴지는 생각과 감정이지만 일부러 시간을 내서 들여다보지 않으면 놓치기 쉽고, 반복되는 일상 속에서 더 새로울 게 없는 따분한 생각과 감정으로 뭉쳐져 버립니다. 생각과 감정은 자신의 내면을 들여다볼 때 자세히 알 수 있습니다. 그렇기에 생활 속에서 우리 아이들이 자신의 마음을 들여다보고 표현할 수 있도록 도와야 하는데, 그 도움을 주는 사람이 아이를 잘 알고 오래도록 함께 생활하는 부모라면 더할 나위 없이 좋습니다.

보통 부모라면 공감 능력이 높습니다. 무엇보다 부모는 아이와 가장 오랜 시간을 함께 보낸 사람입니다. 부모는 아이들이 자신의 생각과 감정을 표현할 수 있도록 도움을 줄 적임자입니다. 물론 부모라 해도 육아가 늘 쉽진 않습니다. 칭찬은커녕 화가 날 때도 많고, 화를 내고 나선 후회가 밀려와 죄책감에 시달립니다. 독려를 한다고 했는데 아이는 재촉한다고 받아들이고, 부모 입에서 나오는 모든 말을 잔소리로 여깁니다. 이런 아이 앞에서 도대체 무슨 말을 어떻게 해야 할지 몰라 힘이 듭니다.

그럴 때 저는 우치다 겐지가 《엄마 말투부터 바꾸셔야겠습니다만》에서 말한 '부모는 아이가 대화의 주인공이라는 의식을 가지고 대화하는 것이 무엇보다 중요하다'를 떠올립니다. 아이들은 자라면서 수많은 책을 보고, 그 책에는 수많은 주인공이 나옵니다. 그런데 아이들 스스로 주인공이 되는 상상은 얼마나 자주 하면서 살까요. 아이가 신을 운동화, 아이가 입을 점퍼, 아이가 먹을 저녁 메뉴조차 부모가 선택하는 경우가 많습니다.

생각과 감정뿐 아니라, 아이가 자신을 표현하고, 하려는 바를 스스로 결정하도록 도와야 합니다. 아직 어리고 못 미덥더라도 아이가 결정할 수 있는 일을 하나둘 늘려가야 합니다. 뭐든 대신 결정해주다 보면 아이는 점점 더 자신의 생각과 감정을 표현하길 꺼리고 결정을 내리지 못합니다.

대신 결정해주는 일이 처음에는 아이가 다닐 학원이나 과외 선생님 정도로 끝날 것 같지만, 나중에는 아이가 갈 고등학교나 대학으로 이어집니다. 아이 인생이고, 아이 인생의 주인공은 아이입니다. 내 인생을 남에게 맡겨서는 곤란합니다. 그게 설사 부모라 해도 말입니다. 스스로 결정해야 주인공입니다. 주인공인 내 아이가 매일 자신의 감정을 표현할 수 있도록 기회를 주고, 그러면서 자신의 생각을 들여다보고 설명할 수 있도록 독려해야 합니다.

부모가 자꾸 잊는 것이 있다. 아이와 부모 관계도 하나의 인간관계라는 점 말이다. …중략… 아이가 이야기할 때 귀 기울여주자. 어른들은 늘 바쁘고 어른 입장에서 어린아이의 말은 긴급하거나 중요한 경우가 별로 없으므로 각별히 신경 쓰지 않으면 무시하거나 흘려듣기가 쉽다.

우치다 겐지는 '아이의 말하기'보다 '부모의 경청'이 먼저라고 이야기합니다. 글쓰기도 마찬가지입니다. 아이는 말을 내뱉으면서 자신의 생각과 감정을 표현합니다. 이때 부모는 아이의 말에 귀를 기울이고 대화를 해나가야 합니다. 아이와 부모의 말하기와 경청이 선순환되면서 쌓이면 글쓰기는 탄력을 받아 한결 수월해집니다.

수업을 할 때도 아이의 머리와 가슴에 무엇이 숨겨져 있는지 살피려 애씁니다. 언젠가 재준이에게 네 마음 항아리에 무엇이 들어있는지 표현해보자고 했습니다.

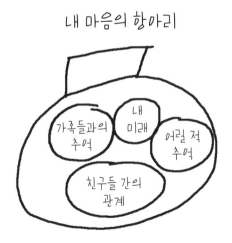

내 마음의 항아리

한 살 많은 윤진이는 더 많은 이야기를 풀어냈습니다. 그림을 다 그리고 나선 아이들 스스로 항아리에 담은 마음을 하나씩 꺼내 보이며 이야기를 풀어냈습니다.

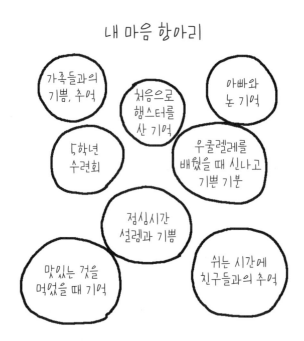

내 마음 항아리

가족들과의
기쁨, 추억

처음으로
햄스터를
산 기억

아빠와
논 기억

6학년
수련회

우쿨렐레를
배웠을 때 신나고
기쁜 기분

점심시간
설렘과 기쁨

맛있는 것을
먹었을 때 기억

쉬는 시간에
친구들과의 추억

머릿속 생각, 경험, 감정을 자세히 들여다볼수록 말이나 글로 표현할 수 있는 재료가 늘어납니다. 평소에 대화를 나누는 양도 중요합니다. 글 역시 양적 성장이 질적 차이를 불러옵니다. 평소 아이가 부모·형제와 자주 대화를 나눈다는 건, 더 많이 더 자주 더 오래 말하고 생각하고 떠올린다는 말입니다. 대화는 글쓰기 실력을 올리는 기초 중의 기초입니다. 아이의 마음 항아리 안에 표현할 수 있는 다양한 생각거리와 추억이 쌓이도록 자주 이야기를 나눠주세요. 이런 노력이 쌓이면 가정에서도 '생각을 나누고 마음을 나누는 글쓰기 수업'을 충분히 해나갈 수 있습니다.

2장

아이는 누구라도 잘 쓴다

01

말이 많은 아이는
글도 빨리 는다

요즘엔 말이 많은 아이가 꽤 있습니다. 그중 한 명이 지연이었습니다. 보통은 상담을 올 때 아이와 부모가 함께 들어오는데 지연이 엄마는 혼자였습니다. "어떻게 하면 지연이가 책을 더 많이 읽고 글을 잘 쓸 수 있을까요?"로 시작한 상담이 어느새 "두 살 터울 동생을 돌보면서 지연이를 보는 게 쉽지가 않아요. 요즘 같은 방학엔 하루 세끼 밥 차리는 것만으로도 숨이 막히는데, 지연이는 하루 종일 제 옆에서 쉴 새 없이 떠들어요. 보통 땐 그냥 듣는데 체력이 바닥일 땐 정말 '그만 입 좀 다물라'는 말이 목구멍까지 차올라요. 정말 어떻게 해야 할지 모르겠어요"라는 하소연으로 이어졌습니다.

그동안 말 많은 아이라면 볼 만큼 봤기에 조금 수다스럽거나 말하기를 유독 좋아하는 아이일 거라 짐작했습니다. 한데 수업을 해보니 지연이는 말 많은 아이들 중에서도 압권이었습니다.

기존 세 명이 받던 수업에 지연이가 새로 들어온 건데도 거침없이 말을 했습니다. 그렇다고 쓸데없이 말수가 많은 것도 아니었습니다. 속에서 차오르는 호기심과 표현을 주체하지 못하고 터져 나오는 표현을 꾹꾹 눌러가며 말을 하는데도 속도는 굉장히 빨랐습니다. 마음먹고 시작하면 밤새 떠들 수 있을 정도라 신(新)아라비안나이트가 나오겠다 싶었습니다.

일단 시작하면 끝없이 이야기하는 바람에, 함께 수업받는 아이들이 힘들어지겠다 싶었습니다. 그래서 첫날부터 약속을 정하고 수업을 이어갔습니다.

우리의 약속
- 개인 발언 시간은 5분 이내
- 친구가 이야기할 때는 귀 기울여서 듣기
- 발언 기회는 한 사람당 5번(수업 시간=총 90분)

더 하고 싶은 말이나 미처 못다 한 말이 있다면 수업을 마무리할 때 주어지는 10분 동안 글로 써서 달라고 했습니다. 지연이에겐 이 정도로는 부족할 듯싶어, 하고 싶은 말이 있으면 휴대전화로 녹음해서 파일로 보내달라고 했습니다. 하지만 녹음 파일은 한 번도 오지 않았습니다. 지연이는 휴대전화가 없어서 엄마 휴대전화로 녹음해야 하는데 쉽지 않았기 때문입니다. 그래서 저와 일대일로 편지를 주고받기로 했습니다.

주고받는 편지로 할 말을 미리 쏟아내면서부터 지연이는 자기 발언 시간이 아니면 입을 다물었습니다. 발언 기회를 줘도 주어진 시간이 한정된 걸 의식해서인지 내용을 정리해서 말하기 시작했습니다. 물론 중간중간 말하기 본능이 되살아난 적도 있지만 날이 갈수록 지연이의 말하기 속도도 안정되었고 글도 자리가 잡혀갔습니다. 무작정 길게 쓰면 팔이 아프니 글을 쓰기 전에 생각을 다듬기 시작했고, 글 안에 들어가야 할 표현을 골라 쓰기 시작했습니다.

지연이를 보면서 말이 많은 아이가 글쓰기에 유리하다는 사실을 알게 되었습니다. 말을 한다는 건 생각을 실시간으로 입으로 출력한다는 말입니다. 아무 생각이 없는데 말만 많을 수는 없습니다. 듣고 나면 별것 아닐지언정 말은 그 사람의 생각을 담아낸 그릇입니다. 말이 많은 아이들은 누가 시키지 않더라도 자신이 원하는 것을 익숙하게 표현하기 때문에 글쓰기 표현이 잘 다듬어지면 이야기를 풍성하게 전개시켜 나갈 수 있습니다.

다만 한 가지 사례를 말했을 뿐이지만 주위를 둘러보면 지나치게 말이 많은 사람이 있을 수 있습니다. 그런 경우라면 하고 싶은 말을 글로 쓰게 도와주는 게 좋습니다. 아이를 알아가는 일은 부모라 해도 노력이 필요한 일입니다. 아이를 독립된 인격체로 존중해야 합니다. 이때 존중한다는 의미에는 최대한 긍정적인 피드백을 하려고 노력한다는 뜻이 담겨 있습니다.

말과 마찬가지로 아이가 쓴 글을 바라볼 때도 편안하게 바라봤으면 합니다. 애써 꾹꾹 눌러 쓴 어쭙잖은 글일지라도 기대 가득한 얼굴로 정성껏 읽어주세요. 그리고 네 글을 읽으니 엄마(아빠) 마음이 행복해진다고, 네 생각을 들려주어서 고맙다고 말해주세요. 다음엔 아이와 함께 대화하고 마음을 나누는 차례가 이어져야 하니까요. 모든 아이에게 엄마 아빠는 최초의 독자라는 사실을 잊지 마세요.

말하기를 좋아하는 아이라도 글쓰기는 싫어할 수 있습니다. 사실 많습니다. 이때는 스마트폰에 있는 녹음 기능을 활용해보세요. 아이들에게 아이 목소리를 들려주세요. 대개 목소리를 들려주면 내말이 이렇게 많고 빠르냐며 놀라고, 목소리는 왜 이러냐며 웃습니다. 웃는 아이에게 "왜? 내가 듣기엔 아나운서 같은데"라고 말해주세요. 신이 나서 정말 아나운서가 되려고 할지도 몰라요.

🆃🅸🅿 말을 늘리는 부모의 말

말은 하면 할수록 잘할 수밖에 없습니다. 주변 사람들에게 어떤 식으로든 피드백을 받기 때문입니다. 가장 가까이서 매일 함께 지내는 부모의 태도가 중요해지는 이유입니다. 말이 많은 아이에게는 잔소리로 들리는 말보다는 애정 어린 조언으로 들리는 말로 표현해주길 바랍니다.

😟 무관심해 보이거나 잔소리로 들리는 말

"그 얘기는 그만하고 숙제 먼저 해."

"귀 아파, 이제 그만 얘기하면 안 될까!"

"엄마 힘들어, 나중에 얘기해."

"조용히 좀 해, 너무 시끄러워서 정신이 없어."

"아빠 지금 좀 바빠, 나중에 얘기해."

"그나저나 오늘 시험은 잘 봤어?"(딴소리)

"어, 그래, 응."(무심한 단답형 반응)

"……."(아예 대꾸가 없음)

😊 칭찬과 애정 어린 조언으로 들리는 말

"우리 지연이는 이야기를 참 잘하는구나."

"지연이는 표현력이 참 좋아, 이야기꾼이야!"

"우리 지연이는 커서 아나운서가 되려나 봐."

"지연이와 이야기하면 시간 가는 줄 모르겠어."

"지연아, 방금 그 표현 너무 좋다!"

"지연이가 이야기해주니 참 즐거워지네. 그런데 지금 나가봐야 해서 더 들을 수 없어 아쉬워. 남은 이야기는 아빠가 돌아온 후에 들려줄 수 있을까?"

"엄마가 들어주지 못할 때는 휴대전화에 녹음해두면 나중에 들을게. 청소할 때도 듣고, 밥할 때도 듣고. 더 집중해서 지연이의 이야기를 들을 수 있어서 좋을 것 같아."

"동생이 이야기하는 것도 아빠가 잘 들어줘야 하니까, 우리 동생 이야기도 함께 듣자. 한 사람씩 말하는 시간을 정하면 어떨까? 5분? 10분? 몇 분이 좋을까?"

02

숫기가 없는 아이는
침착하게 잘 쓴다

3학년 민지가 엄마 손에 이끌려 왔습니다. 엄마 뒤쪽에 몸을 숨기고 얼굴 한쪽만 빼꼼 내밀어선 제 모습을 슬쩍 보고 고개 떨구기를 반복했습니다.

"민지야 안녕? 민지는 정말 예쁘고 따뜻한 미소를 가졌구나! 반가워."

민지의 가냘프고 해맑은 얼굴이 눈에 들어왔습니다. 민지 엄마는 독서와 글쓰기도 문제지만 낯가림이 심하고 말이 너무 없는 게 더 걱정이라며 고민을 풀어놓았습니다. 민지 엄마와 이런저런 이야기를 나눈 후 민지에게 말을 건네보았습니다.

"선생님이 재미있는 이야기 하나 해줄까? 선생님은 어렸을 때 부끄러움이 되게 많았어. 어느 정도였냐면 놀이터에서 미끄럼틀을 못 탔어. 놀이터에서 미끄럼틀을 타려고 높이 올라가면, 친구들이 다 나만 쳐다보는 것 같았거든. 그리고 할머니 앞에서 빵을 못 먹었어. 할머니가 자꾸 예쁘다고 쳐다보시니까 부끄러워서 빵을 못 먹겠는 거야. 그리고 초등학교 다닐 때 단 한 번도 먼저 손 들고 발표한 적이 없어. 눈 마주칠까 봐 선생님 얼굴도 못 쳐다봤다니까."

설마 하는 눈초리에 "진짜야!" 하고 답하자 아이는 처음으로 활짝 웃어주었습니다. 그 순간 아이 마음이 열렸다고 느꼈습니다. 이어서 이런 말도 해줬습니다.

"그런데 선생님이 어떻게 바뀌었는 줄 알아? 선생님은 수십 명 앞에서 발표도 하고, 수백 명 앞에서도 이야기해봤어. 이제는 사람들 앞에서 말하는 게 떨리긴 하지만 부끄럽진 않아. 사람은 자라면서 변하거든. 지금 부끄럽다고 평생 부끄러운 건 아냐. 지금 무섭다고 계속 무섭지도 않고. 변하고 싶은 모습이 있다면 그렇게 변해갈 거야. 선생님이 도와줄까? 선생님은 책 읽어주고 글 쓰는 거 도와주는 일을 좋아해. 선생님하고 수업하면 재미있을 거야."

민지는 그렇게 말하는 저를 빤히 쳐다보더니 집으로 가자며 엄마 손을 잡아당겼습니다. 어떻게든 목소리를 듣고 싶었는데 끝내 못 들었습니다. 민지는 그렇게 다음을 기약하는 어설픈 목인사만 남긴 채 교실을 떠났습니다. 그렇게 한 달이 지나고서야 민지 엄마에게서 연락이 왔습니다.

"그날 민지가 문을 나서자마자 '선생님 진짜 재밌다. 선생님한테 가서 수업할래!'라고 하더라고요. 그런데 친정에 일이 생겨 잠깐 내려갔다 와서 연락드린다는 게 한 달이 훌쩍 지나버렸어요. 죄송해요. 이번 달부터 수업을 받을 수 있을까요?"

그렇게 민지의 글쓰기 수업이 시작되었습니다. 민지는 지금 누구보다도 적극적으로 열심히 수업을 받으면서 달라지고 있습니다. 눈을 아래로만 떨구던 아이가 이제는 제 눈을 똑바로 마주보며 이야기를 듣고, 한마디도 하지 않던 아이가 이제는 손을 번쩍 들고 발표도 합니다. 물어봐야 겨우 한마디 하던 아이가 이제는 먼저 질문도 합니다. 그 전에는 그저 말하지 않는 것이 더 편안했을 뿐입니다. 아이 마음속에는 그동안 쌓인 이야기들이 너무나 많이 있었던 겁니다.

숫기가 없는 아이와 처음 수업할 때는 제가 말을 더 많이 하면 됩니다. 그러면 수업이 힘들 거라 여기는데 오히려 수월합니다. '숫기가 없는 아이, 내성적인 아이, 느린 아이'로 불리는 아이들에게는 공통점이 하나 있습니다. 이 아이들은 하나같이 기가 막히게 잘 듣습니다.

수업 시간에 말을 덜 하는 대신 선생님이 무슨 말을 하는지, 어떤 책을 읽어주고 무엇을 하려 하는지 집중하고 관찰합니다. 숫기가 없는 아이들은 보이지 않는 마스크를 끼고 있는 것처럼 보입니다. 그럴 땐 수업 준비를 잘해서 차분하게 진행하면 됩니다.

아이는 가만히 듣고 느끼고 생각나는 것들을 마음에 머금었다가 글로 쓰거나 그림으로 그려야 할 때 '조용히' 표현해냅니다. 어느 수업보다 조용하고 차분합니다. 얼핏 보면 일방적인 주입식 수업과 비슷해 보이지만 전혀 다릅니다. 저만 설명하고 글로 쓰게 하는 것이 아니라, 아이들에게 생각할 시간을 줍니다. 이게 중요합니다. '생각할 시간을 주는 것.'

아직 마음이 열리지 않는 아이, 말할 용기가 나지 않는 아이에게 질문을 던지고 말로 답하라고 하면 힘들어합니다. 이보다 고역이 없습니다. 이런 아이들에게는 생각할 시간을 충분히 주고 기다려야 합니다. 어떨 때는 표정으로 읽기도 합니다. 이 아이는 내 질문에 '마음속으로 답하고 있구나'라고 생각합니다. 그러고 나서 "글로 써보자"라고 하면, 아이들은 대꾸도 하지 않고 조용히 써내려갑니다.

숫기가 없는 아이들이 보여주는 고운 필체, 조용히 들려주는 듯한 생각과 느낌, 차분히 써낸 글은 누구와 비교해도 밀리지 않습니다. 오히려 마음으로 삭히고 그림을 떠올리고 느낌을 표현한 글들이 많습니다. 그래서인지 다른 친구들이 거리낌 없이 사용하는 문장과는 또 다른 느낌이 납니다.

숫기가 없는 아이들은 '구어체'보다 '문어체'를 잘 사용하고, 생각이 차분하게 담긴 표현을 많이 사용합니다. 머릿속 생각과 마음속 감정을 한참 들여다보고 차분하게 글로 써내려가기 때문입니다.

숫기가 없는 아이들은 주변을 관찰하고 마음 안에 잘 담아둡니다. 그래서 숙제를 내면 숫기가 없는 아이들이 가장 잘해옵니다. 선생님의 말 한마디 한마디를 마음 주머니 안에 꼭꼭 넣어두었다가 필요할 때 꺼내 쓸 줄 압니다. 친구들도 모르는 것이 있으면 이 아이들한테 물어봅니다. 챙겨야 할 준비물도 잘 챙기고, 해야 할 과제도 잘 기억하기 때문입니다.

글은 아이의 자화상입니다. 조심스럽게 보여주는 아이의 자화상을 저 또한 조심스럽게 봅니다. 아이들을 보면서 어릴 적 제 모습을 떠올리곤 합니다. 부끄러워 미끄럼틀도 못 타고, 누가 쳐다보면 빵도 못 먹고, 발표는 생각도 못 했던 제 어린 시절 말입니다. 말 없고 낯가리고 수줍음 많이 타는 아이들이 올 때마다 그런 제 어린 시절이 치료제가 될 줄은 몰랐습니다.

부모님도 저런 이야기 하나쯤 있을 겁니다. 부끄러워 쭈뼛대던 시절에 할 말을 하지 못하고 돌아서서 자신을 원망했던 기억, 반대로 호기롭게 했던 말이 뒤늦게 후회로 남은 기억들 말이죠. 그런 기억을 떠안고 다 자란 어른이 되었지만, 부모가 되어서도 아이와의 관계에선 처음엔 모두가 초보였습니다. 부모로서의 실수와 모자람, 힘들었던 일, 미안했던 기억들을 아이 앞에서 풀어내보세요.

저 역시 처음에는 괜히 우스워지려나 싶고, 첫 만남부터 속없는 사람으로 보이면 어쩌나 싶어 염려했습니다. 괜히 상담할 때 꺼낸 이야기가 온 동네에 이상하게 소문나면 어쩌지 싶기도 했고요. 글쓰기 선생으로서도 세 아이의 엄마로서도 품격을 유지하고픈 마음이 있었으니까요. 그러나 세상에 완벽한 부모의 모습은 없다는 걸 되새깁니다.

설사 있다 한들 아이들에게 완벽함이 좋은 것만은 아닐 거라 여깁니다. 실수도 하고 모자란 부모지만 더 나아지기 위해 애를 쓰고 있다는 걸 알려주면 됩니다. 아이도 그렇게 세상을 살아가도록 알게 하면 됩니다. 부족하지만 극복하려고 애쓰는 부모의 모습을 보면서 아이는 세상을 살아갈 힘을 얻을 수 있을 테니까요.

말수가 적고, 낯을 가리고, 수줍음이 많고, 발표를 못 한다 해도 한때입니다. 아이들은 자라면서 바뀝니다. 지금의 아이 모습으로 판단하고 한정 짓지 말아주세요. 그건 아이를 그 속에 영원히 가두는 겁니다. 지금의 모습을 이왕이면 좋은 쪽으로 해석해주세요. 해석하기 나름인 일은 세상에 무궁무진합니다. 내 아이라면 오죽할까요. 아이는 긍정적 해석을 빠르게 알아채고 그 힘으로 나아갈 겁니다.

03

차분한 아이는
기다려주면 잘 쓴다

초등학교 4학년 가인이는 수업 시간에 뭔가를 물어보면 바로 대답하지 않고 '한참을 가만히' 있는 아이였습니다. 간혹 '멍하니' 있는 아이도 있지만, 가인이는 골똘히 생각하는 모습이었어요. 잠시 흐르는 정적을 견디지 못하고 친구들이 킥킥대도 가인이는 미동도 없었어요. 그러다 판단이 서면 그제야 똑바로 대답을 했어요. 목소리가 크기 않지만 침착하고 고요하고, 내뱉는 말도 잘 정제돼 있어서 모두를 집중하게 하는 힘이 있었어요.

첫 시간에 동화책을 읽어주며 생각을 주고받을 때도 가인이는 남달랐습니다. 책을 다 읽어준 다음 아이들에게 책이 얼마나 재밌었는지 손가락으로 표시해보라고 했습니다. 굉장히 재밌는 책이라면 열 손가락을 활짝 펼치지만 보통은 일고여덟 개를 펼치지요. 하지만 가인이는 손가락을 펴는 것조차 한참 생각했습니다. 친구들이 어서 펼치라고 재촉해도 수행자인 양 한참을 있었어요. 그렇게 몇 분이 흐르고 나서야 부드러운 목소리로 말했어요.

"가만히 생각해보면 재미있었다기보다 감동도 있었고, 즐거움도 있었지만, 실망하고 그 아이가 왜 그랬을까 자꾸 생각하게 되는 부분이 있어서 열 손가락으로 표시하기가 어려웠어요. 마음으로는 10점을 다 주고 싶지만 계속 '그 아이가 왜 그랬을까?' 궁금하고, '그 아이 마음은 어땠을까?' 더 느껴보고 싶어서 바로 점수를 줄 수가 없어서요."

들썩이고 술렁이는 분위기에서도 골똘히 생각하고 차분하게 대답을 이어나가는 모습이 놀라웠습니다. 생각하고 답할 시간을 기다려주지 않았거나 재촉했더라면 결코 듣지 못할 명답이었습니다.

여러 아이를 마주보고 수업하는 저는 모든 아이에게 시간을 충분히 주지 못할 때가 있습니다. 기회가 골고루 돌아가게 하려면 때로는 더 생각할 시간을 주고 들어줘야 하는데 그러지 못할 때도 분명 있습니다. 하지만 부모님이 글 선생님이라면 이야기는 달라지지요. 오직 내 아이에게만 집중해서 대답을 더 오래 기다려줄 수 있고 더 충분히 들어줄 수 있을 테니까요. 물론 그걸 아이가 바라야 하겠지만요.

저는 수업을 들으러 오는 모든 아이에게 첫 시간에 마틴 칼마노

프와 알렉스테이 그레이엄이 지은《큰 종, 작은 종》을 읽어줍니다 (지금은 절판돼 구할 수 없는 책이라 아쉽습니다). 여러 명이 함께하는 수업이라 목소리가 크고 자신감 넘치는 아이도 있지만, 목소리가 작거나 발표하길 부끄러워하는 아이도 있기 때문입니다.

고요하고 조용한 마을에 큰 종이 자기의 큰 소리를 자랑하고 울려 퍼질수록 사람들은 힘들어했어요. 결국 화가 난 임금님은 큰 종은 치우고 작은 종을 매달아 딸랑딸랑 예쁜 종소리가 마을에 울려 퍼지게 합니다. 사람들은 평화로이 일상을 되찾고, 작은 종은 맑고 경쾌한 소리를 냅니다.

책은 '이제 알겠니? 큰 소리를 낸다고 좋은 것은 아니란다.'라며 마무리됩니다. 목소리가 작은 아이도 목소리를 키우거나 높이지 않아도 된다는 말에 안심합니다. 목소리가 크든 작든, 말과 글이 길든 짧든 차분히 생각을 정리해서 정확하게 표현하는 것이야말로 진짜 우리가 할 일이라는 걸 받아들입니다. 이건 아이들에게만 적용되는 말은 아닙니다. "조용하지만 강하다"라는 광고 카피를 기억합니다. 글은 대자보에 붙여 크고 요란하게 울림을 줄 수도 있지만, 조그마한 쪽지에 적혀 누군가에게 전해져서 평생 잊지 못할 한마디가 되기도 합니다.

차분한 아이는 가인이처럼 가슴속에 생각을 담고 있는 경우가 많습니다. 어떤 생각일지는 입 밖으로 꺼내봐야 알지만, 꺼내지 않는다면 생각이 숙성되는 중이라고 받아들이고 기다려줘야 합니다. 생각이 없는 게 아니니 언제고 터져 나올 말입니다. 답답하고 조바심이 나더라도 계속 말할 기회를 주고, 말을 할 수 있도록 편안한 분위기를 만들어주세요.

그래도 말을 안 할 수 있습니다. 그래도 기다려야 합니다. 이런 아이들은 대답을 종용하고 가르치려 하면 할수록 입을 꾹 닫습니다. 아이처럼 가만히, 아이보다 가만히 있어야 아이가 다가옵니다. 그것이 지름길입니다.

어떻게 하는 게 아이 마음을 편하게 만들고 다가오게 하는 방법일까요? 어떻게 해야 아이가 선뜻 나서서 입을 열까요? 힌트는 아이에게 있습니다. 아이가 하는 일에 관심을 갖고 슬쩍 먼저 다가가되 눈치채지 못하게 하세요. 평소 안 하던 말과 행동을 하면 아이가 이상하게 느낄 수 있으니까요.

들킬 것 같으면 차라리 이실직고하는 게 낫습니다. "엄마가 노력을 해보고 싶어서, 우리 ○○이에게 좋은 엄마가 되고 싶어서 배우는 중"이라고 하세요. 제가 아는 분은 평소 쓰지 않는 말투를 썼더니 초등학교 3학년 남자아이가 그러더랍니다.

"엄마, 왜 그래? 또 어디 가서 무슨 얘기 듣고 온 거예요? 그냥 하던 대로 하세요."

참 어렵죠. 그럼에도 불구하고 부담스럽지 않게 조용히 스며드는 '가인이'의 대답처럼 부모도 다가가는 노력을 해볼 수 있지 않을까요?

아이를 다가오게 하는 부모의 말

어릴 적 부모바라기였던 아이들이 언제부터인지 스마트폰바라기로 바뀌고 있습니다. 이제 부모가 먼저 다가가야 아이도 다가오는 세상이 된 것이지요. 스마트폰이 줄 수 없는 편안함을 부모의 말로 들려주세요.

아이를 다가오게 하는 말 & 아이에게 다가가는 말

"책 보고 있었네. 엄마도 읽어보고 싶어."

"우리 가인이는 숨 쉬는 모습도 예쁘네."

"가인이가 먼저 말해주어서 너무 고마워."

"우리 가인이 오늘은 무슨 재미있는 일이 있었어?"

"가인이 목소리를 들으면 마음속에 행복의 샘이 솟는 것 같아."

틈틈이 짤막한 글을 쓴 메모지를 전해주세요. 매일 문자 메시지를 보내는 것도 참 좋습니다. 잦은 노크에 아이도 조만간 응답해줄 것입니다. 응답하라 내 아이!

메모지에 적을 내용 또는 1일 1회 문자 메시지

아침 일찍 출근하느라 가인이 얼굴도 못 보고 나왔네. 아빠는 가인이 생각하며 열심히 일하고 올게. 우리 가인이도 즐거운 하루 보내길 바라. 사랑한다.

'신데렐라가 잠을 잘 못 잤어'를 넉 자로 줄이면? 모짜렐라 래. 웃기지? (짧은 말장난, 아이가 호기심을 느낄 만한 수수께끼 이용) 엄마는 가인이가 웃으면 제일 행복해. 엄마가 가인이를 보며 웃 으면 사랑한다는 뜻이야. 사랑해. 오늘도 즐겁게.

학교 잘 다녀왔어? 오늘은 어떤 재미있는 일이 있었을까? 저 녁에 누가 제일 재미있는 일이 있었는지 이야기해보면 어때? 상 품은 아이스크림~ 저녁에 만나.

거실 책장 맨 왼쪽, 맨 위, 왼쪽에서 세 번째 책, 13쪽에 엄마 (아빠)의 마음이 담겨있단다. 찾으면 답장 부탁해. (쪽지에 쓰면 좋을 내용: 사랑한다는 표현, 칭찬의 말, 간단한 안부, 파이팅 메시지)

04

힘이 좋은 아이가
힘 있게 잘 쓴다

재준이는 힘이 좋아서 글자를 꾹꾹 눌러 씁니다. 공책을 펼치면 진한 글씨가 가득해서 마치 황소가 뛰어다니는 발자국처럼 보입니다. 얼핏 보면 마구 휘갈겨 쓴 것처럼 보이지만, 자세히 보면 온 정신을 집중해서 침착하게 써내려간 글이라는 걸 알 수 있습니다. 뒤쪽에 나오는 왼쪽 공책이 재준이 공책이고, 오른쪽 공책은 보통 아이 공책입니다. 글씨에서 느껴지는 힘을 비교해보세요.

글보다 글씨가 먼저 눈에 들어오니 당장 글씨부터 지적하고 싶을지 모릅니다.

"글자가 이게 뭐니!"

"띄어쓰기 좀 해, 뭐라고 썼는지 하나도 모르겠어."

"종이 찢어질 것 같아, 살살 좀 적어."

초등 아이라면 글씨보다는 글을 먼저 봐주세요. 재준이도 마찬가지입니다. 재준이가 쓴 글은 다음과 같습니다.

딸기는 자라는 과정에서 씨앗을 심으면 씨앗에서 싹이 나오고 이제 줄기가 나옵니다. 줄기가 이제 어느 정도 나오면 이제 열매가 나옵니다. 처음에는 조그만 게 나오고 초록색이지만 잘 키워주면 빨간색으로 색깔이 변하고 먹을 수 있고 씨가 납니다.

재준이는 농사짓는 외할아버지를 어려서부터 곁에서 보아온 덕분에 농사일은 물론 논·밭·곤충·동물·자연 등에 관심이 많습니다. 재준이 엄마가 보낸 딸기를 먹으면서 이야기를 나누다 쓰고 싶은 부분을 글로 써보자고 했더니 단숨에 글을 써낸 겁니다. 아이들은 이렇게 경험한 걸 글로 쓰게 하면 잘 써냅니다. 경험을 떠올려 그대로 쓰기도 하고, 생각을 덧붙이거나 비교하며 막힘없이 술술 써냅니다. 그만큼 다양한 경험은 글쓰기에 좋은 재료가 됩니다.

재준이는 늘 글을 힘차게 써내려갑니다. 잠시 생각을 고를 때를 빼면 글을 시작하는 순간부터 숨도 쉬지 않고 끝까지 써내려갑니다. 처음 만났을 땐 띄어쓰기를 전혀 하지 않았습니다.

재준이는 생각한 걸 잊어버리기 전에 얼른 써야 한다는 생각이 강합니다. 그래서 글을 쓸 때는 말도 하지 않고, 오히려 집중해서 질문에 대답할 시간도 없이 써내려갑니다. 이런 순간이 아이에게 있는 것이 오히려 도움이 됩니다. 글에 몰입하는 순간이니까요. 몰입 경험은 어른에게도 자주 찾아오지 않습니다. 재준이가 '말하듯이' 쓴 글은 크게 손보지 않고 다음과 같이 다듬어줍니다.

딸기는 씨앗을 심으면 씨앗에서 싹이 나와요. 그다음 줄기가 나오고 그리고 열매가 나옵니다. 처음에는 열매 크기가 작고 색깔이 초록색이지만, 잘 키워주면 빨간색으로 예쁘게 변해갑니다. 딸기

열매에 씨도 생기고 열매가 점점 커지면 먹을 수 있게 됩니다.

아이가 글을 많이 써보지 않으면 이렇게 '말하듯이' 쓰는 글의 형태를 볼 수 있습니다. 좋습니다. 마음껏 말하듯이 써보게 하고, 직접 읽어보게도 합니다. 부모가 칭찬을 잘 해주면 아이는 신이 나서 또 글을 씁니다.

힘이 좋은 아이는 머릿속에 생각이 떠오르면 단숨에 힘 있게 써내려갑니다. 계속 힘차게 써내려갈 수 있도록 칭찬해주세요. 지적은 금물입니다. 어떻게 도와줘야 할까요? 칭찬해주면 됩니다. 힘 있게 쓴다는 것은 자기가 글을 쓰고 싶다는, 쓸 수 있다는 의지의 표현입니다. 괜히 글씨를 바로잡으려 하거나 맞춤법을 지적하면 의지는 흔적도 없이 사라집니다.

"오! 글씨를 진하게 잘 썼네. 그래서 그런가? 글이 눈에 쏙쏙 들어오는걸!"

칭찬으로 글쓰기 불씨를 살려주세요.

"글씨도 멋지고 글도 정말 잘 썼다. 띄어쓰기가 더해지면 멋진 글씨가 훨씬 잘 보이겠는걸."

진심으로 기뻐하고 지지해주세요. 다음번엔 띄어쓰기도 해가면서 더 힘차게 써내려갈 겁니다.

05

눈치 있는 아이는
표현력이 좋다

어디서 무슨 일이 있었다거나 어떤 말을 들으면, 묻지 않아도 먼저 다가와 자초지종을 설명해주는 스피커가 한 명씩 있습니다. 이런 아이들은 눈치가 빨라서 주변에 무슨 일이 일어나는지, 어떤 사람들이 있는지 관찰하는 힘이 좋습니다. 눈치껏 글 쓰는 재주까지 있어서 이런 아이가 쓴 글은 읽는 재미가 있습니다. 현장 상황을 실시간으로 중계해주는 생방송을 보는 기분이랄까요.

지후와 민주는 같은 반 친구인데 같은 걸 봐도 표현하는 게 많이 다릅니다. 수업이 3시 시작인데 두 아이가 20분이나 늦게 들어왔습니다. 자초지종을 물을 수밖에 없지요.

"애들아, 오늘 수업 20분이나 늦었어. 왜 안 오나, 무슨 일 있나, 선생님이 걱정했어."

지후가 먼저 대답합니다.

"오다가 불이 나서요, 구경하느라 늦었어요."

이럴 때마다 저는 가슴이 두근두근하고 누가 다쳤는지, 아이들이 얼마나 놀랐을지, 다들 무사한지, 불이 크게 났는지, 어떻게 수습되었는지, 지금은 어떤 상태인지 등 떠오르는 질문이 너무 많습니다. 속 시원하게 구체적으로 이야기를 해주면 좋겠습니다.

"뭐? 불? 어디 어디? 누구 다친 사람은 없어? 어쩌다가, 어떻게… 학교에서? 어디서?"

이때 민주가 나섭니다.

"야, 선생님 놀라시잖아. 선생님 그게 아니고요, 학교에서 오는데 운동장 한쪽에서, 왜 그 모래 많은 수돗가 있잖아요. 그 밑에 잡초가 있는데요, 오빠들 세 명이 앉아서 돋보기를 들고 태양열로 초점을 모이게 해서 잡초에 불을 붙였어요. 되게 신기했는데 말예요, 처음에는 불이 안 붙을 것같이 붙을랑 말랑해서 진짜 붙을까 싶었는데, 가슴이 막 콩닥콩닥했는데, 갑자기 연기가 희미하게 나더니 풀잎 가운데 부분에 불이 붙으면서 풀잎이 오그라들었어요. 다 태우기 전에 키가 큰 남자 체육 선생님께서 지나가다 보시고는 오셔서 같이 관찰도 하고 설명도 해주셨어요. 그냥 불만 꺼주고 지나가려다가 옛날 학교 다닐 때 친구들하고 해봤던 게 생각이 나서 일부러 설명까지 해주셨대요. 선생님과 관찰한 후 모래로 덮어서 풀 무덤을 만들어주고 왔어요. 주변에 구경하러 온 친구들도 되게 많았고요, 한 50명은 넘었던 것 같아요. 처음엔 무서웠는데 불씨에 풀잎이 태워지는 것을 보니, 태양의 열기가 느껴졌어요. 정말 흥미진진했어요. 제 친구 엄마는 불장난하면 밤에 오줌 싼다고 했대요. 진짜 그래요? 그럼 그 오빠들 오늘 다 오줌 싸겠네요?"

어찌나 자세히 설명하던지 들은 지 한참 되었는데 아직도 귀에 생생하게 남아있습니다. 눈치 있는 아이는 이렇게 주변 정황까지 다 살피고 기억해서 표현하는 재주가 있습니다. 글로 쓰라고 하면 너끈히 써냅니다. 머릿속에 표현할 재료가 넉넉히 담겨있기 때문입니다. 마치 이것저것 모아놓은 창고 같기도 합니다. 필요할 때 꺼내 쓸 수 있는 재료쯤은 얼마든지 있는 창고 말이죠.

눈치가 있으면 절간에 가서도 새우젓을 얻어먹는다는 말이 있습니다. 글쓰기에도 그대로 적용됩니다. 눈치 있는 아이는 관찰력도 좋지만 표현력은 더 뛰어납니다. 같은 그림을 보고도 더 많은 표현을 감각적으로 떠올릴 줄 압니다. 관찰력과 표현력은 글쓰기의 기본입니다. 눈치 있는 아이가 글을 잘 쓰는 건 너무도 자연스러운 일입니다.

사람은 다양한 경험 속에 살아가며 여러 자극을 받기 마련입니다, 그런 자극을 기민하게 알아차리고 표현할 줄 안다면 글에 날개를 다는 셈입니다. 글은 세상과 소통하는 수단입니다. 세상에 일어나는 일을 무심히 바라보지 않고, 매일 반복되는 일상이라도 어제와 오늘 무엇이 달라졌는지 안다는 건 중요한 의미가 있습니다.

"오늘 하루 어떻게 지냈어?" 하는 물음에 10초 안에 답할 수 있는 아이가 많지 않습니다. 열 명 중 두 명이 있을까 말까입니다. 어른이라도 상관없으니 주변 사람에게 한번 물어보세요. 보통은 "음~" 하면서 그때서야 생각에 잠깁니다. 그러고 나서 어디서 무엇을 했고 누구를 만났는지 정도의 일상 이야기를 합니다. 초등학생과 별반 다를 바 없습니다.

안부를 묻는 질문이니 저 정도로 가볍게 말해도 상관없습니다. 하지만 글쓰기는 조금 다릅니다. 글쓰기를 할 때는 일상에서 소재를 찾는다는 관점으로 접근해야 합니다. 그렇게 세상을 바라보면 세상이 조금은 다르게 보입니다. 이건 중요한 습관입니다.

부모가 어떻게 질문하느냐에 따라 아이의 관점이 달라지고 답이 달라지기도 합니다. 단순한 사실만을 답하거나 나열하게 하는 질문이 아니라 한 번 더 생각해야 답할 수 있는 질문을 던져주면 좋습니다.

표현력을 키우고 싶다면 부모와 아이가 평소 주변에서 일어나는 일에 관심을 갖는 게 중요합니다. 관심 있게 봐야 생각이 차오릅니다. 새로운 생각이 떠오를 때 글로 적어두는 습관을 들이면 더 좋습니다. 그래야 부모도 질문 거리가 떠오르고, 아이도 대답할 말이 많아집니다.

눈치 있는 아이는 생활 속에서 참신하고 풍부한 이야깃거리를 잘 잡아냅니다. 더 많은 이야기를 쏟아내도록 새로운 경험을 더해주면 좋습니다. 멀리 여행을 떠나거나 일부러 체험학습을 떠나지 않아도 됩니다. 가깝지만 평소 가보지 않았던 곳이라면 충분합니다. 같은 곳이라도 평소 가던 길이 아닌 돌아가는 길로 가보는 것도 도움이 됩니다.

눈치 있는 아이들이 갖고 있는 남다른 재능을 계속 살려주면서 그것을 말과 글로 표현하는 기회를 준다면 아이의 장점이 점점 더 강화되고 특별해질 것입니다. 아이가 좋아할 만한 예쁜 공책·다이어리·수첩·메모지 등을 사줘도 좋습니다. 부모와 교환 편지나 교환 공책을 주고받는 이벤트를 하는 것도 좋습니다. 기회가 된다면 방송반에 도전하거나 신문사에 투고를 해봐도 좋습니다. 성과가 있건 없건 경험만으로 큰 추억이 되고, 좋은 영향을 줄 것입니다.

아이와 꼭 뭔가를 주고받아야 하는 건 아닙니다. 저는 아이에게 편지나 메모를 자주 전하지만 답장을 기대하진 않습니다. 아이가 보면 좋은 글이 있으면 인쇄하거나 써서 아이 눈에 띌 만한 곳에 붙여두기도 합니다. 화장실도 나쁘지 않습니다. 한 번 스윽 읽고 넘어가도 되는 것들이라 아이도 부담스러워하지 않거든요. 아이들 열에 아홉은 부모가 일부러 붙여둔 글을 몇 번은 슬쩍 읽습니다.

부모의 말과 표현을 통해 아이들은 새로운 어휘와 표현을 배우기도 합니다. 간혹 오랜만에 부모를 만나면 아이와 말투가 비슷해 놀랄 때가 있습니다. 굳이 이름을 대지 않아도 누구 부모인지 대번에 알 정도입니다. 아이들이 말투만 따라 하는 건 아닙니다. 아이들은 부모의 말을 듣고 친구들과 한 대화나 어린이 프로그램에서는 들을 수 없는 어른들의 어휘를 배웁니다.

생각보다 아이들은 부모의 말에 관심이 많습니다. 새로운 단어를 들으면 뜻을 묻기도 하고, 굳이 물어보지 않더라도 뜻을 짐작했다가 어딘가에 써먹어보려고 합니다. 전혀 엉뚱한 어휘를 문장에 넣기도 하는데 그럴 때마다 아이의 시도를 칭찬해주세요.

아이들은 그러면서 어휘도, 어휘에 대한 활용도 늘려갑니다. 아이에게 새로운 어휘를 알려주겠다는 의도로 대화를 하면 아이는 금방 눈치챕니다. 당연히 대화가 점점 재미없어집니다. 시도하지 않느니만 못합니다. 그냥 편하게 대화를 즐기세요. 그것만으로도 충분합니다.

🆃🅸🅿 아이의 생각을 끌어내는 질문 몇 가지

생각해서 답할 수 있는 질문을 던집니다

'예/아니요'로 답할 수 있는 질문이 아니라 한 번 더 생각해야 하는 질문을 해주세요.

예 "왜 그럴까?" / "네 생각은 어때?" / "왜 그렇게 했을까?" / "그것이 어떻게 가능했을까?" / "뭘 해야 할까?"

한 가지 질문을 짧게 던집니다

아이들은 질문이 길어지면 질문 자체를 해석하느라 힘을 다 뺍니다. 듣다가 질문도 답할 내용도 잊어버리곤 합니다. 짧게 질문할수록 생각할 시간이 길어집니다.

예 "예를 들면 뭐가 있을까?" / "더 하고 싶으면 어떻게 해야 했을까?" / "무엇을 하면 좋을까?"

창의적으로 답할 수 있는 질문이 좋습니다

정답이 뻔히 있는 질문을 던지면 틀릴까 봐 입을 다무는 아이가 많습니다.

예 "무슨 일이 있었던 것일까?" / "만약 ~했다면 어떻게 되었을까?" / "행동을 바꾸면 결과는 어떻게 달라졌을까?" / "너라면 어떻게 했을 것 같아?" / "이 부분은 좀 다르게 생각해보면 어떨까?"

질문을 던지고 아이가 답할 때까지 기다려줍니다

어른들은 질문을 받으면 어떤 질문이냐에 따라 어느 정도 시간을 두고 답해야 하는지 압니다. 하지만 아이들은 질문을 받으면 무조건 빨리 답해야 한다고 여깁니다. 아무 말이나 막 하기도 하고, 정답처럼 보이는 말을 골라서 하기도 하고, 일단 혼나지 않을 말을 적당히 찾아 던지기도 합니다. "오늘 책 읽었어?"라는 질문에 읽었건 안 읽었건 일단 "응"이라고 답하는 이유입니다.

구체적으로 물어보면 그때서야 "사실은…"이라며 안 읽은 이유를 대기도 합니다. 그러면 부모는 '아이가 왜 내게 거짓말을 하지?'라고 생각하는데, 아이들은 거짓말을 하려고 한 게 아니라 일단 '정답'처럼 보이는 말을 빠르게 내놓는 것일 수 있습니다.

단답형 질문이 아니라 충분히 생각해보고 답할 수 있는 질문을 던져주세요. 그리고 편안한 얼굴로 마주하고 있어주세요. 얼굴은 많은 의미를 전달하니까요(엄마가 네 생각이 궁금해, 엄마가 가만히 듣고 있어, 엄마는 네 이야기를 기다릴 거야). 바로 답하려고 하면 "천천히 생각해봐야 답할 수 있을 거야"라고 안심을 시켜줘도 좋습니다.

아이가 대답을 했다면 반드시 환한 얼굴로 긍정적인 피드백을 해주세요. 그래야 다음에 답할 수 있는 용기가 생깁니다. 아이의 답을 부모의 말로 다시 반복하면서 피드백해주면 더 좋습니다.

예 "우리 현우는 '~~~~'라고 생각했구나. 그런 생각을 해냈다니 정말 기특하다."

"현우야, 방금 한 표현 정말 멋지다. 어떻게 그런 생각을 했어?"

"방금 한 말은 오늘 들은 말 중에 가장 인상적이었어. 오래 기억될 것 같아. 얘기해줘서 고마워."

"정말 재미있는 대답이다. 현우 이야기는 책에 쓸 만큼 재미있는 이야기 같아."

"현우와 이야기하는 게 이렇게 재미있다는 사실을 오늘 다시 알게 되었어."

06

욕심 있는 아이가
꾸준히 잘 쓴다

수업을 마치기 직전까지 있는 힘을 다해 글을 써내는 아이들이 있습니다. 대학 시절 글쓰기 자원봉사를 하면서 만난 현송이가 그랬습니다. 봉사가 끝난 후에도 꾸준히 글을 썼다고 하는데, 지금은 어떻게 자랐을지 궁금합니다.

자원봉사를 하면서 여러 아이를 만났지만 현송이의 글쓰기 자세는 남다른 데가 있었습니다. 숙제도 성실히 해오고 수업 시간에도 끝까지 연필을 내려놓지 않았습니다. 글을 쓰고 나서도 고칠 게 없는지, 채울 게 없는지 찾는 게 눈에 보였습니다. 그래서인지 처음 만났을 땐 다른 아이와 크게 다르지 않던 글쓰기 실력이 날이 갈수록 눈에 띄게 좋아졌습니다.

타고나지 않았어도 현송이처럼 조금씩이라도 욕심을 부리며 매일 쓰면 잘 쓸 수 있습니다. 매일 꾸준히 쓰기만 해도 어느 정도 잘 쓸 수 있지만 그것만으로는 아쉽습니다. 더 잘 쓰고 싶은 마음이 더해져야 합니다. 그래야 자신이 쓴 글을 고치고 채우고, 그래야 다른 사람 글을 보면서 자기 글에 적용해보고, 그래야 이것저것 시도하기 때문입니다. 이것저것 고치고 적용하고 시도하기를 반복하면 타고난 아이보다 더 잘 쓸 수 있습니다.

요즘은 글을 더 잘 쓰고 싶은 욕심을 보이며 열심히 쓰는 아이가 드뭅니다. 대개 글쓰기를 부담스러워하고 싫어합니다. 그러니 아이가 글쓰기를 부담스러워하거나 싫어하거나 억지로 쓴다 해도 화낼 일은 아닙니다. 싫어하는 일을 억지로라도 하고 있다면 오히려 칭찬할 일입니다. 어른들도 하기 힘든 일을 초등 아이가 하고 있는 거니까요. 다만 계속 억지로 쓰도록 내버려둘 순 없습니다. 언제까지고 억지로 쓸 수도 없거니와 그렇게 써서는 글쓰기 실력도 늘지 않을 테니까요. 어떻게 해야 할까요?

글쓰기를 잘하고 싶다는 욕심이 나도록 아이에게 기회를 제공해주세요. 평소 갖고 싶어하는 물건이나 가보고 싶어하는 장소나 해보고 싶은 경험이 있다면 도전할 수 있도록 이벤트를 여는 겁니다. 저는 글쓰기 선생이니 아이들에게 신문사에 투고를 하거나 글쓰기 대회를 노려보자고 합니다. 이때 아이스크림&과자 쿠폰, 레고 블록, 문화상품권 등 아이들이 좋아할 만한 무언가를 경품으로 내겁니다.

아이들은 이왕 하는 거 도전해보자는 마음으로 잘 따릅니다.

물론 글쓰기 선생님이 하자고 하고 친구들도 함께 한다고 하니 더 잘 따르는 걸 수도 있지만 부모님도 할 수 있습니다. 저보다 아이를 훨씬 더 잘 알고 한 아이에게 맞출 수 있어서 더 좋은 선물을 줄 수 있을 테니까요.

안타깝게도 각종 글쓰기 대회에서 큰 상을 받는 아이는 드뭅니다. 그럼에도 아이들은 그 과정을 즐겼고, 평소보다 훨씬 많은 노력을 친구들과 함께 쏟아 부은 까닭에 동지애도 생깁니다. 뭔가 큰일을 함께 치르다 보면 끈끈해지는 게 눈에 보입니다. 사실 아이들은 상을 받건 말건 상관없이 참가하기만 해도 선생님에게 선물이나 기회를 받기에 남는 장사라고 여깁니다. 아이들에게 남는 장사처럼 여겨지는 기회를 계속 만들어주세요. 아이들이 계속 도전할 수 있도록 도와주세요.

무슨 일이든 꾸준히만 하면 조금씩 변화가 생깁니다. 글쓰기는 다이어트와 닮은 구석이 많습니다. 한 번에 드라마틱한 결과가 나타나지 않고, 꽤 오래 해도 웬만해선 티가 나지 않습니다. 누구도 대신해줄 수 없고 순전히 내 시간과 노력만으로 결과를 만들어내야 하는 고생스러운 일입니다. 그러다가 어느 순간부터 애쓴 결과가 드러나면 환하게 웃을 수 있습니다.

또 하나 비슷한 게 있습니다. 다이어트를 할 때 고른 영양 섭취가 중요하듯 글쓰기를 할 때도 고른 영양 섭취가 중요합니다. 글쓰기에서 영양은 경험, 독서, 말하기, 생각하기 등입니다. 이 중 한 가지만 해서는 글쓰기가 늘지 않는다는 말입니다. 영양을 고르게 섭취할 수 있도록 아이들에게 이벤트를 다양한 방식으로 병행해주면 좋습니다.

현송이처럼 욕심껏 꾸준히 쓰는 아이라면 글쓰기 실력이 쑥쑥 올라갑니다. 뭐라도 쓰고, 생각하고, 한 줄이라도 더 쓰려고 노력할 때 글이 써지고 늡니다. 글을 더 잘 쓰고 싶은 욕심이야말로 많으면 많을수록 좋습니다.

부모도 함께 욕심을 내어 아이들과 함께 글쓰기를 시작해보길 권합니다. "아이에게 어떻게 글쓰기를 가르쳐야 할까요?"라는 말에 뒤따르는 말이 있습니다. 바로 "저 역시 글쓰기를 잘하지 않고 힘들어요"입니다. 글을 써본 게 언제인가 싶다는 말도 많이 합니다. 괜찮습니다. 중요한 건 부담을 버리고 무리하지 않는 겁니다. 처음부터 글을 잘 쓰는 아이가 없듯 처음부터 글을 잘 쓰는 부모도 많지 않습니다.

아이와 함께 배워나간다는 생각으로 용기를 내주세요. 오히려 잘 못 쓰기에 아이 마음을 더 잘 이해하고 함께 써나가기 좋습니다. 부모와 아이가 함께하면 글쓰기 실력은 물론 관계까지 돈독해집니다. 글을 주고받다 보면 서로를 더 잘 이해할 수 있습니다. 글을 주고받지 않더라도 글쓰기의 즐거움과 힘듦과 수많은 감정을 공유하면서 서로를 더 잘 이해할 수 있게 됩니다. 글을 잘 쓰지 못할수록 더더욱 아이와 함께 해주세요.

글은 마음의 행복을 찾아가는 미로와 같습니다. 처음엔 길이 잘 보이지 않아도 가다 보면 가야 할 길이 보이고, 가다가 막히면 다시 돌아와서 시작해도 됩니다. 대신 포기하지 말고 계속해서 길을 찾아 가려고 시도해야 합니다. 그러면 우리의 길이 가야 할 곳을 열어줄 것입니다. 아이와 부모의 글 쓰는 생활을 응원합니다.

🎯TIP 글쓰기에 욕심내게 만드는 비결

글을 쓰면 좋을 일을 한 가지라도 만들어주세요

칭찬 같은 심리적 보상, 경품이나 여행 같은 물질적 보상, 글쓰기 실력 향상 같은 성취감 등 매우 다양합니다. 아이마다 원하는 보상이 다르니 아이의 선호도를 파악하여 제공해주세요.

글을 쓰는 즐거움을 한 번은 제대로 느끼게 해주세요

글을 써서 칭찬받은 경험이 있거나 마음을 움직이는 긍정적인 피드백을 받은 아이라면 글을 더 잘 쓰고 싶어 합니다. 이때 피드백은 말뿐 아니라 표정에도 담겨있어야 합니다. 아이는 말로 하는 칭찬보다 자신의 글을 읽고 환하게 웃는 표정에서 더 큰 힘을 얻습니다. 아이에게 부모의 웃음만큼 큰 기쁨과 즐거움도 없습니다. 잊지 말아주세요.

아이가 좋아하는 방식으로 글을 쓰게 해주세요

설명문, 일기, 주장하는 글, 감상문, 동시, 메모 형태, 글과 그림이 섞인 표현 등 무엇이라도 좋습니다. 아이가 부담 없이 끼적일 수 있는 글로 무엇이 있을지, 일상에서 자주 해볼 수 있는 방식으로 어떤 게 있을지 이야기를 나눠보고 실천해보면 좋습니다.

제 아이는 알림장이나 일기장에 그림을 많이 그렸습니다. 한데 고학년이 될수록 선생님들에게 그림보다는 글을 많이 쓰라는 이야기를 자주 들었습니다. 일기장이나 독서록 모두 줄 공책으로 바뀌는 시기니까요. 그렇지만 저는 일기나 독서록을 쓸 때 그림을 넣어도 괜찮다고 말해주었어요. 그랬더니 지금은 그림도 잘 그리고 글도 잘 쓰는 아이로 자랐습니다.

이왕이면 즐겁게 느낄 수 있는 글쓰기로 나아가야 합니다. 그래야 계속 써지니까요. 제 아이에게 그림은 글을 쓰게 하는 원동력이었어요. 그림에 맞는 글을 쓰고, 글에 맞는 그림을 그리는 게 큰 즐거움이었던 거죠. 이렇게 내 아이가 가장 좋아하는 것을 필요한 것과 엮어주면 글을 더 오래 꾸준히 쓸 수 있어요. 아이마다 다르지만 부모라면 잘 알 수 있을 거예요. 때로는 글쓰기를 할 때도 부모의 직감이 필요합니다.

글이 완전한 형태를 갖추지 않아도 괜찮습니다. 인터넷 서점에서 흔히 볼 수 있는 카드 노트 형태로 일기나 독서록을 만들어볼 수 있고요. 노래를 잘하는 아이라면 가사를 써보게 해도 좋아요. 오늘 하루와 오늘 읽은 책의 느낌을 연결해 곡을 만들어봐도 좋지요. 축구를 좋아하는 아이라면 그날그날 훈련 일지를 써도 좋고 축구 게임을 만들어보게 해도 좋아요. 종이에 게임 판을 만든 후 게임 설명서를 쓰는 것도 남자 아이들이 굉장히 잘하는 것 중 하나입니다.

이렇게 아이가 좋아하는 것과 글을 연결시켜 주면 거뜬하게 써내고 굉장히 뿌듯해하는 게 아이들입니다. 그런 경험을 만들어주세요. 그렇게 생활 속에서 끼적일 수 있는 아이디어를 글쓰기와 연결하여 습관으로 이어줄 수 있습니다. 습관이 욕심이 되도록, 욕심이 습관이 되도록! 글쓰기에서만큼은 습관과 욕심이 증기기관차를 움직이게 하는 화력과 같습니다. 칙칙폭폭 칙칙폭폭!!

07

사춘기 아이는
할 말이 많다

"아이가 도대체 무슨 생각을 하는지 모르겠어요"라는 한숨 섞인 말을 자주 듣습니다. 아이의 마음을 알고 싶은데 아이는 입을 닫고 말을 안 하니 답답해서 하는 소리입니다. 저학년 때까지만 해도 다정하게 표현도 잘했던 아이인데, 사춘기 터널에 진입하면서 입을 닫아버린 아이가 많습니다. 6학년 세운이와 세운이 부모님도 다르지 않았습니다.

수업 시간에 본 세운이는 조용하지만 자신의 목소리를 내려고 노력하는 성실한 아이였습니다. 책을 읽고 하는 말이나 글에도 생각이 잘 담겨있어서 수업 시간에 말을 주고받는 데는 전혀 어려움이 없었습니다. 그런 세운이인데 집에서는 대화가 줄어들고 있었나 봅니다.

아이는 상황에 따라 말을 할지 말지 결정합니다. 아이가 말을 해야 생각을 알 수 있는데 아이가 입을 떼지 않는다면 아이가 말을 할 만한 주제와 상황을 만들어야 합니다. 그래야 대화의 물꼬를 틀 수 있습니다. 아이들은 생각이 없어 말을 안 하는 게 아니라, 굳이 말을 할 필요가 없다고 느끼거나 하고 싶지 않아서 입을 닫습니다,

세운이가 수업을 시작한 첫 주, 처음 쓴 문장 한 줄은 이렇게 시작합니다. '앞으로 계속 재미있게 놀기 위해서는 어린이로 남아있고 싶어요.' 숙제로 책을 읽고 한 줄로 소감을 적어 오도록 했거든요. 집에서 무슨 책을 읽었는지 모르겠지만 이 한 줄을 숙제로 적어 왔습니다. 어떤 책을 읽었을지 짐작이 가나요? 네, 맞습니다.《피터팬》입니다.

세운이의 마음을 더 들어보고 싶어서 수업 시간에 글을 이어 쓰자고 했습니다. 서너 차례 대화를 하면서 글이 늘어갈수록 세운이의 마음도 조금씩 드러났습니다.

이 글을 읽고 '어린이로 남아있는 것이 마냥 좋을 것만 같지는 않다'는 생각이 떠올랐다. 어른이 되더라도 어린이처럼 놀 수도 있고, 자라나면서 생각이 점차 달라질 수도 있고, 어린이도 해야 할

일이 많이 생겨날 것이다. 그러므로 어떤 상황에서는 어른이 할 수 있는 것이 더 많기 때문에 어린이로 남아있는 게 좋은 것만 같지는 않다.

그래서 나는 어린이로 남아있고 싶지는 않고 빨리 어른이 되고 싶다. 왜 이런 생각을 했냐면 어른이 할 수 있는 게 더 많기 때문이다. 단점은 너무 많은 책임이 따른다는 것이다.

이 글을 보고 '아들아, 너는 다 생각이 있구나!' 하는 느낌이 들지 않나요? 처음 쓴 글은 '앞으로 계속 재미있게 놀기 위해서는 어린이로 남아있고 싶어요'였지만, 대화를 나누고 글을 써내려가면서 생각의 변화가 생긴 것을 알 수 있습니다.

이렇게 아이는 생각이 없는 게 아니라 생각을 재정립하고 있는 겁니다. 말이 없는 게 아니라 말을 애써 하지 않는 것이고, 때로는 말할 기회나 필요가 없었을지도 모릅니다. 아이들의 마음속에는 네버랜드에 영원히 머물기를 선택한 피터 팬과 달리 '자라나는 아이들의 생각들'로 가득 차있을 것이라 믿습니다.

김선호 선생님이 쓴 《초등 사춘기, 엄마를 이기는 아이가 세상을 이긴다》를 보면서 사춘기를 앞뒀거나 사춘기에 접어든 고학년 아이들을 다시 바라볼 수 있었습니다.

초등 6학년은 1학년처럼 다루어야 한다. 수준을 낮게 보아야 한다는 것이 아니다. 뇌 구조가 재편성되고 있기 때문이다. 유치원을 막 졸업하고 병아리마냥 1학년에 들어오는 아이에게 작은 말 한마디는 자존감 형성에 지대한 영향을 미친다. 마찬가지로 자신의 정신과 신체 구조를 재편성하는 민감한 5, 6학년 사춘기에 담임과 부모의 한마디는 뽑아낼 수 없는 대못이 되기도 하고, 평생 의지하는 버팀목이 되기도 한다.

뇌에서 일어나는 '재편성'은 방송국에서 하는 프로그램 재편성과 유사합니다. 재편성 시기에는 많은 것이 대대적으로 바뀝니다. 기존 프로그램이 종영되고 새로운 프로그램이 생겨납니다. 프로그램이 방영되는 시간대가 옮겨지고 출연자나 진행자가 교체되기도 합니다. 프로그램 형식이 일부 변경되기도 합니다. 업그레이드되는 신선한 프로그램을 시청자에게 선보이기 위해 노력합니다.

이런 변화가 우리 아이들의 성장기에도 일어납니다. 이럴 때 부모는 무엇을 해야 할까요? TV 프로그램을 시청하듯 바라만 보고 있을 수는 없을 겁니다. 인내심을 갖고 기다려줘야 할 때도 있지만 아이를 제대로 바라보기 위해 노력해야 할 때도 있습니다. 편안하게 다가가려고 애쓰면서도 때로는 무심해 보이는 관심으로 아이를 대할 필요도 있습니다.

부모가 볼 때는 내 아이가 아무 생각이 없어 보일 수 있습니다. 하지만 아이 마음속에는 부모가 짐작하는 것보다 훨씬 많은 생각이 담겨있습니다. 설령 그 생각이 부모를 향한 원망이라 해도 말이지요. 아이는 부모에게 애정 어린 관심을 기대하면서도 한편으론 조금 내버려뒀으면 하는 마음도 있습니다. 그 와중에 자신이 바라는 게 무엇일지 조용히 생각할 겁니다.

아이의 마음을 알아주고 이해하려고 노력할 때 진짜 대화를 나눌 기회들도 생겨날 것입니다. 부모는 아이가 바뀌길 기다리지만 아이도 부모가 바뀌길 기다립니다. 사실 아이가 바뀌는 것보다 부모가 바뀌는 게 더 쉽습니다.

육아와 업무와 일상생활에 지친 피로감, 고민과 갈등으로 인해 깊어진 주름, 어느 하나 들키고 싶지 않겠지만 아이들은 부모 얼굴과 뒷모습을 보면서 부모의 모든 것을 몸과 마음으로 받아들이며 자랍니다. 아이들은 부모가 아무리 숨겨도 부모의 힘듦을 쉽게 알아챕니다. 부모를 덜 힘들게 하려고 억누르고 애쓰고 조심하고 있을지 모릅니다. 나름대로 찾은 방법이 입을 닫고 생각을 드러내지 않고 살아가는 걸지도 모릅니다. 그 마음을 바라봐주세요.

08

글자와 친하면
글쓰기를 좋아한다

글을 쓸 때 필요한 도구와 무기는 '글자'입니다. 그러니 가장 먼저 글자와 친해져야겠지요. 작가들을 만나보면 어려서부터 글자를 좋아했다는 이야기를 자주 합니다. 그림을 좋아하고 음악을 좋아하고 춤을 좋아하듯 글자를 좋아했다는 겁니다. 글을 읽을 수 없을 때조차 유독 글자에 관심이 많았다는 거죠. 그런 아이들은 한글도 빨리 뗍니다. 글자에 관심이 많으니 더 오래 들여다보고, 궁금하니 더자주 들여다보고, 그렇게 눈에 익으면 더 쉽게 익히는 거죠.

한글을 스스로 뗀 아이들은 글자에 관심이 많고 글자 자체를 좋아합니다. 운동화를 신발장에 집어넣으면서 신발장에 적힌 이름표를 보며 내 이름을 기억하고, 친구들 이름을 기억합니다. 그렇게 글자를 좋아하면 글에도 관심이 많습니다. 글을 좋아하니 당연히 책을 좋아할 수밖에 없고요.

글을 잘 쓰는 아이들은 글자를 함부로 쓰지 않습니다. 달필은 아니지만 악필은 잘 없습니다. 왜일까요? 생각의 속도에 맞춰 글을 쓰면 악필이 될 수밖에 없습니다. 굉장히 빨리 써야 하니까요. 빨리 쓰면서 잘 쓰는 건 초등 아이들에게 기대할 수 없는 일입니다.

글을 잘 쓰려면 이런저런 생각을 끌어내어 정리할 수 있어야 합니다. 쓰면서 생각하지 말고, 1분이든 2분이든 충분히 생각을 정리한 뒤 글을 쓰기 시작하라고 하는 이유입니다. 어느 정도 쓸거리를 정리하고 얼개를 정한 후 쓰면 속도에서 자유로워집니다. 천천히 정성을 다해 쓰게 됩니다. 글과 글씨가 모두 안정됩니다. 그렇게 글과 글씨가 함께 좋아집니다.

글을 잘 쓰는 아이는 말을 잘하는 아이와 비슷합니다. 말을 잘하는 아이는 내용만 신경 쓰는 게 아니라 목소리, 크기, 억양, 손짓까지 신경 씁니다. 같은 내용이라도 어떻게 말하느냐에 따라 달라진다는 걸 잘 알기 때문입니다. 글도 마찬가지입니다. 좋은 내용을 어떻게 하면 더 잘 살릴 수 있는지 아이들은 감각적으로 압니다. 또박또박 정성을 다해 써야 좋은 내용이 잘 전달된다는 걸 감각적으로 아는 듯 보입니다.

또박또박 잘 쓴 글은 선생님이나 부모님에게 보여줄 때도 좋지만 일단 내가 뿌듯합니다. 그래서인지 잘 쓴 글은 아이도 몇 번이고 다시 읽고 고치는 걸 봅니다. 자신이 쓴 글을 자주 읽은 아이일수록 글씨를 더 잘 씁니다. 같은 글이라도 잘 쓴 것처럼 보이는 글이라야 더 읽고 싶은 마음이 생기니까요.

초등 시기는 말이든 글이든 글씨든 배워나가는 시기입니다. 시작하는 시기이므로 글씨도 잘 쓸 수 있도록 지도해주길 권합니다. 글씨, 특히 내가 쓴 글씨가 보기 좋아야 글쓰기도 좋아집니다. 그렇다고 명필가로 키우라는 말이 아닙니다. 내가 쓴 글씨인데 나도 못 알아보는 글씨는 쓰지 않도록 미리 습관을 들여야 한다는 말입니다.

세현이는 글을 잘 쓰진 않았지만 글씨만큼은 누구보다 잘 썼습니다. 글 쓰는 건 힘들어했지만 일단 쓴 글씨는 폰트로 만들고 싶을 만큼 예뻤습니다. 글씨가 아까워 세현이에게는 따로 숙제를 내줬습니다. '책을 읽고 좋았던 문장을 뽑아서 써오기'였습니다. 일종의 필사를 한 셈입니다.

보통 아이들에게 필사를 하라고 하면 고문을 받는 양 힘들어합니다. 세현이는 반대였습니다. 날개를 단 듯, 한 바닥을 써올 때도 많았습니다. 그렇게 몇 해 지나자 글도 몰라보게 좋아졌습니다. 그때 알았습니다. 글씨를 좋아하고 잘 쓰는 건 글쓰기를 할 때도 강력한 무기가 된다는 걸요.

아이들이 글과 친해지려면 글씨 쓰는 게 즐거워야 합니다. 당연히 부모와 선생님의 역할이 중요합니다. 글과 관련한 모든 것들에 긍정적 이미지가 만들어져야 합니다. 글을 쓴다고 썼는데 "글씨가 이게 뭐니!"라는 말을 들으면 글씨 쓰기가 아니라 글쓰기가 싫어집니다. 글의 내용도 칭찬해줘야 하지만 그건 다 읽은 후에 할 수 있는 칭찬입니다. 글씨를 먼저 칭찬해주세요.

"와, 우리 유민이는 글씨에도 힘이 넘친다!"

"우리 지우는 어쩜 이렇게 글씨를 반듯하게 쓰는 거야!"

아이들은 글씨를 칭찬해도 글을 잘 썼다는 말로 받아들입니다. 그렇게 아이 글은 칭찬과 긍정을 먹고 자랍니다. 반대로 아이 글은 지적과 부정을 먹으면 시듭니다. 글을 쓸 때는 무조건 칭찬이 먼저입니다. 아이들에게 최초의 독자는 부모입니다. 그 독자가 어떻게 반응하는지를 보고 계속 쓸지 말지, 이렇게 쓸지 저렇게 쓸지를 정하기도 합니다.

아이 글에는 지적할 거리가 여기저기 널려있습니다. 지금은 눈 감아주세요. 초등 아이 글입니다. 눈을 동그랗게 뜨고 칭찬 거리를 찾아주세요. 글씨 한 자, 단어 하나, 문장 한 줄이 반짝이는 순간 보물이라도 발견한 양 얼른 주워 칭찬해주세요. 어떤 글이라도 하나는 나옵니다.

그렇게 하나씩 찾아내면 됩니다. 그걸 찾아 진심으로 칭찬해주는 게 부모가 할 일입니다. 지적받을까 싶어 걱정으로 구겨졌던 아이 마음이 활짝 필 겁니다. 그다음엔 걱정이 아니라 기대로 가득 찬 얼굴로 부모와 선생님에게 글을 내밀지 모릅니다. 힘들어도 아이는 그렇게 해나갑니다. 그런 아이의 기특한 마음을 돌아봐주세요.

글을 잘 쓴다고 글씨를 잘 쓰는 건 아니지만, 글씨를 잘 쓰는 아이는 글을 잘 씁니다. 처음에는 글씨만 잘 쓰는 아이였을지 모릅니다. 그런데 글을 쓸 때마다 선생님에게 칭찬을 받고 친구들에게 부러움을 샀을 겁니다. 그런 아이에게 글쓰기는 기쁨이자 자부심이 됩니다. 그렇게 글쓰기에 대한 긍정적 경험이 쌓일수록 아이는 더 자주 더 많이 글을 씁니다. 글 쓰는 횟수와 양이 늘면 글 솜씨는 자연스럽게 좋아집니다. 이렇게 글씨로 글쓰기라는 월척을 낚을 수도 있습니다.

그런데 어떻게 하면 글씨를 잘 쓰게 할 수 있을까요? 여러 방법이 있지만 가장 쉬운 방법은 글씨체는 그대로 두고 간격만 일정하게 하라고 하는 겁니다. 대개 초등 아이들의 공책을 보면 아래와 같이 글자 간격이 너무 넓거나 좁아서 읽기 힘듭니다.

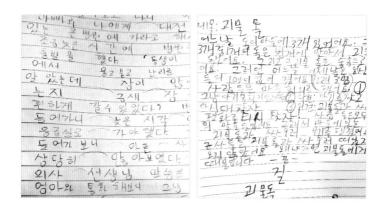

글씨는 그대로 두고 글자와 글자의 간격, 띄어쓰기 간격만 일정해도 훨씬 잘 읽힙니다. 글씨는 하루아침에 바꿀 수 없지만 간격은 조금만 신경 쓰면 바꿀 수 있습니다. 물론 이마저도 열 줄 정도는 거뜬히 써내는 아이라야 시도해볼 수 있습니다.

열 줄 정도 가볍게 써오는 날이 쌓이다 보면 어느새 글 솜씨도 좋아질 날이 옵니다. 그럼 그때 충분히 칭찬해주되 글자 간격과 띄어쓰기 간격만 조금 신경 써보자고 제안합니다. 아이들은 꾸중이 아니라 칭찬을 들어야 다음 단계로 넘어갑니다.

글자 간격 ∨ 띄어쓰기.
예쁘게 ∨ 띄어 써요.

처음부터 글씨를 잘 쓰면 더할 나위 없이 좋겠지만 그게 아니라면 글 양이 충분히 늘고 글 수준도 어느 정도 올라와야 글자 간격을 이야기할 수 있습니다. 글자 간격이 일정해져야 띄어쓰기와 맞춤법도 지도할 수 있고, 띄어쓰기와 맞춤법까지 정돈된 후에야 글씨체를 이야기할 수 있습니다. 느긋하게 마음먹고 한 단계씩 넘어서보세요.

09

잘 놀고 나면
더 신나서 쓴다

편해문 선생님이 쓴 《아이들은 놀기 위해 세상에 온다》를 보면 인도에서 아이들의 놀이를 찾아다니고 관찰한 기록이 나옵니다. '놀이'에 대한 여러 생각을 글로 옮겼는데 새길 만한 글이 많았습니다.

아이들은 물, 불, 바람, 흙 속에서 비로소 해방감을 느껴야 한다. 진정한 놀이는 아주 오랜 옛날부터 있었던 것들과의 원시적인 만남 그 자체임을 잊지 말아야 한다. 집을 떠나 추위, 더위, 비바람을 맞서보아야 한다. 나는 안다. 이런 것들 속에 아이들이 가장 만나고 싶고 놀고 싶어 하는 놀이가 가득 숨어있다는 것을.

때로는 아프게, 때로는 공감하며 부모로서 아이들의 놀이를 어떻게 대해야 할지 알 수 있습니다. 부모 세대는 어린 시절에 자연을 벗 삼아 놀았지만, 요즘 아이들은 자연에서 마음껏 뛰어놀지 못합니다. 미세먼지나 황사 같은 오염된 공기와 독감이나 코로나19 같은 전염병은 아이들을 집 밖으로 나서지 못하게 합니다. 이럴 때 부모는 아이들의 놀이를 어떻게 지켜줘야 할까요? 편해문 선생님은 이 질문에 이렇게 답합니다.

세상에서 가장 훌륭한 놀이를 꼽으라면 어른들이 제 일에 몰두하고 있을 때, 옆에서 아이들이 보거나 따라 하는 것이라 말하고 싶다. 이것이야말로 가장 훌륭한 놀이이기 때문이다. …중략… 멀리 가지 않고 큰 돈 들이지 않아도 엄마 아빠와 이야기하고 웃고 떠들고 어울리면서 오고가는 사랑이 바로 가장 훌륭한 놀이이다. 뭐라 딱히 이름 붙일 수 없는 놀이. 그것이 진짜 놀이이다. 내 부모와 형제와 이웃과 동무에 대한 사랑과 관심과 이해로 나아가는 만남의 물꼬를 놀이로 틀 수 있고, 놀이가 이 일을 도울 수 있다.

아이들은 모두 놀이를 좋아합니다. 수업을 들으러 오는 초등 고학년 아이들은 당연하고 중고등학생조차 놀고 싶어 안달입니다. 하지만 학년이 올라갈수록 시간에 쫓기다 보니 노는 게 만만치 않습니다. 당연합니다. 모든 아이들이 한곳을 바라보며 뛰는데 내 아이만 쉬거나 놀라고 할 수는 없는 노릇이지요.

그렇다 해도 초등 저학년까지는 놀이 시간을 1순위로 확보해줬으면 합니다. 할 일 목록에 교과 공부만 넣는 게 아니라 놀이 시간을 함께 넣었으면 합니다. 놀이 시간이 부족하면 교과 공부 시간을 줄여야 합니다. 아이가 어릴수록 놀이를 통해 더 많은 것을 배웁니다. 부모, 형제, 친구와 함께 떠들고 노는 것이야말로 아이를 더 잘 자라게 하는 비결입니다.

학창시절 내내 최상위권이었던 제자 두 명이 대학생이 돼 찾아왔습니다. 두 아이에게 "초등학교 저학년 아이를 위해 부모가 할 수 있는 최고로 도움 되는 일이 무엇일까?"라는 질문을 건넸습니다. 둘다 다음과 같이 답했습니다.

"무조건 놀게 해주세요. 이래도 되나 싶을 만큼 아무 걱정 없이 놀게 해주세요. 그러면 다 돼요. 알아서 다 해요. 이건 확실해요."

두 학생의 답을 일반화할 순 없습니다. 다만 똑같은 대답을 두 명에게 듣고 놀이에 대해 더 들여다볼 수 있었습니다. 아이들에게 놀이가 어떤 의미인지 잘 드러낸 글을 소개하겠습니다.

길을 잃은 아이는 울면서도 계속 반딧불이를 잡는다 - 요시다 류스이

제가 가장 좋아하는 글인데 왜인지 읽을 때마다 뭉클합니다. 아이들의 마음이 그대로 전해져서 그런 것 같습니다. 아이들에게는 놀이가 삶의 전부라고 해도 과언이 아닙니다. 하물며 글쓰기에서는 두말할 필요도 없습니다. 글쓰기 이전에도 '놀이'가 필요합니다. 아이

들은 놀이를 통해 글의 소재를 길어 올리고, 자신이 원하는 것을 표현하는 데 필요한 수많은 경험을 쌓기 때문입니다. 아이가 글을 잘 쓰길 원한다면 더 많이 놀게 해주세요. 더 많이 즐겁게 놀았으면 싶은데 아이가 혼자 우두커니 있는다면 웃으며 말해주세요.

"엄마가 지금 너와 함께 할 수 있는 일이 있을까?"

"아빠가 지금 너와 함께 놀 수 있는 방법이 있을까?"

아이는 기다렸다는 듯 눈을 반짝이며 부모와 놀 방법을 빛의 속도로 생각해낼 겁니다. 아이는 놀이의 천재입니다. 그 순간을 놓치지 말아주세요.

저는 유치원생, 초등학생, 중학생 아이와 지내고 있습니다. 세 아이 모두 어릴 때 하루에도 수십 번 듣는 말이 있었습니다. 물론 그때만큼은 아니지만 지금도 여전히 자주 듣는 말입니다.

"엄마, 이리와 봐!" / "엄마, 이것 봐!" / "엄마, 나 보고 있어?"

"엄마, 나랑 같이 하자!" / "엄마, 놀아줘." / "엄마, 심심해."

바로 다가서고 바로 놀아주고 바로 심심함을 달래줄 때도 있지만 늘 그럴 순 없었습니다. 그럴 때마다 반복해서 왜 옆에 있을 수 없는지, 놀 수 없는지 설명해야 했습니다. 그런데 제 아이도 그렇지만 많은 아이들이 그 순간을 모두 기억하고 있어서 깜짝 놀랄 때가 많습니다. 수업 중에 '내가 네 살, 다섯 살이었을 때'를 떠올려보자고 했더니 아이들이 한 말입니다.

"우리 아빠는요, 나랑 안 놀아줬어요. 매일 바쁘다고 했어요."

"우리 엄마는 기다리라고만 하고, 기다리면 안 왔어요."

"나한테 혼자 놀 줄 알아야 한다고 하면서 엄마는 친구들하고 놀러 가요."

저 역시 아이들이 원할 때마다 다가가기가 쉽지 않았습니다. 자꾸 보라고 하고 자꾸 오라고 하고 같이 하자고 하는데 늘 시간이 모자랐습니다. 함께하고픈 마음은 가득한데 몸이 따라주지 않을 때도 많았습니다. 몸이 열 개라면 좋겠다는 생각도 자주 했습니다. 하지만 부모는 사느라 바빠서 잊어버려도 아이들은 어린 시절을 너무도 잘 기억합니다.

언젠가 4학년 연우는 "엄마가 혼자 노는 걸 보면 신경질이 난다"라고 말했습니다. 함께 놀아달라고 할 땐 놀아주지 않더니, 이제 좀 컸다고 엄마는 더 이상 옆에 오지 않는다고 합니다. 행복에 대한 이야기를 할 때였는데 연우는 이렇게 말했습니다.

"행복이란, 엄마가 다가오는 거예요. 기다리면 엄마가 올 거라는 믿음이에요."

우리 아이들은 언제나 부모를 기다려왔고 지금도 기다립니다. 부모가 아이의 생각을 알고 말과 글로 표현하는 방법을 가르쳐준다면 아이들은 얼마나 쉽고 빠르게 말과 글을 배울 수 있을까요? 아이가 한창 원하고 기다릴 때, 부모와 함께라면 무엇이든 할 수 있을 것 같을 때, 부모가 함께해줄 수 있는 놀이를 몇 가지 소개하겠습니다.

마이크 놀이
장난감 마이크나 숟가락을 손에 들고 우리만의 '마이크'로 정합니다. 마이크를 들고 서로에게 하고 싶은 속마음을 이야기하거나 퀴즈를 내거나 노래를 부르거나 인터뷰하는 놀이를 해봅니다.

혹시 '뭐 이런 걸 다'라고 생각하셨나요? 막상 해보면 아이들이 꽤 좋아하는 놀이랍니다. 낄낄거리기도 하지만 나름대로 진지하게 생각해서 말할 때 보면 얼마나 예쁜지 모릅니다.

초등학교 저학년이라면 꼭 한번 해보세요. 빨리 잠들지 못하는 아이라면 밤에 침대에 누워서 해봐도 굉장히 좋아합니다. 발표력과 표현력, 자신감과 즐거움, 부모와 함께하는 행복감이 커져서 자잘한 스트레스도 이길 힘이 되어줄 겁니다.

'가라사대' 놀이

'가라사대'라는 말을 했을 때만 지시나 동작을 따라 합니다. 부모 세대에 많이 했던 놀이라 요즘 아이들이 좋아하려나 싶지만 역시 좋아합니다. 놀이할 때만큼은 위아래가 없는 경우가 많습니다. '가라사대' 놀이를 할 때도 부모와 아이 둘 다 반말로 명령을 내리지요. 그래서 아이들이 즐거워하는지도 모르겠습니다. 요즘은 친구 같은 부모가 훨씬 많지만 그럼에도 여전히 아이들은 권위를 내려놓은 부모를 좋아합니다.

가라사대 놀이는 '가라사대 [오른손/왼손] [올려/내려], 가라사대 [팔/다리] [올려/내려], 가라사대 [눈/코/입/귀] 잡아, 가라사대 [윙크/뽀뽀/인사/큰절하기/간지럽히기]' 등 다양하게 동작을 만들 수 있습니다. 빠른 속도로 하면 헷갈리기 때문에 상대가 하는 말을 잘 들어야 합니다. 주의 집중력과 듣기 훈련에도 좋고 상호작용을 할 수 있어 더 좋습니다.

'단어'를 떠올리는 놀이

'단어' 하면 가장 먼저 생각나는 놀이가 끝말잇기일 겁니다. 끝말잇기는 지하철이나 버스에서도 조용히 할 수 있는 놀이라 아이들이 좋아합니다. 아이들이 끝말잇기 끝판 왕으로 불리는 해질녘, 구름, 나트륨, 산기슭 같은 단어를 만나면 기억해뒀다가 다음에 꼭 써먹는 걸 보면 굉장히 기특합니다.

규칙을 완화해 두음법칙을 적용할 수 있게 해주면 신기해하기도 합니다. 가르치는 게 목적이 아니므로 "'초록' 다음에 '록'으로 시작하는 말이 있어?"라고 하면 "우리말은 '록'이 첫 음으로 오면 '녹'으로 바뀌기도 해. 그러니 '녹'으로 시작하는 단어를 말해도 인정할게"라고 말해줍니다. 놀이를 즐겁게 이어가기 위한 수단 정도로 바라봐야 합니다.

이외에도 단어를 떠올리는 놀이는 무궁무진합니다. 예를 들면 다음과 같습니다.

- 스무고개: 어떤 사물이나 단어에 대해 스무 번의 질문/대답 과정을 통해 알아맞히는 놀이
- OX 퀴즈: 가족에 대해 간단한 문제 내기
- 책 한 권을 읽고 책 속 단어를 이용하여 빙고 게임하기

- 스피드 단어 맞히기(정해진 시간 안에 단어에 대한 설명을 듣고 이름 맞히기)

아이들은 놀이 자체를 좋아하지만 가끔 쿠폰이나 상품을 걸면 더 좋습니다. 보상을 가볍게 할수록 자주 할 수 있어 더 좋습니다.

'글쓰기' 놀이

마주보고 앉아서 서로에게 편지를 쓰거나 다른 식구(친가/외가 어르신들)에게 편지를 써보세요. 함께하면 힘도 나고 놀이처럼 여겨져 끝까지 해내는 모습을 볼 수 있습니다. 작은 경험이 반복되고 쌓이면 서로를 더 잘 이해할 수 있고, 표현력도 날로 좋아집니다. 예를 들면 다음과 같습니다.

- 마트 가기 전에 장볼 목록 함께 정하기, 글을 쓰면서 사고 싶은 이유나 필요한 이유 쓰기
- 오늘 하루 함께 읽을 책 정하기, 함께 읽고 느낀 점 쓰기
- 서로에게 읽기를 바라는 책 정하기, 포스트잇에 이유를 쓰고 책장 옆에 붙여두기(당장은 읽지 않아도 붙여두면 뭘 읽을지 고민될 때 읽어보기 좋습니다.)

TIP **때로는 심심의 늪도 상상력을 키운다**

아이들은 뒹굴뒹굴하며 심심에 절어봐야 나올 길을 찾습니다. 한 번 나올 길을 찾은 아이는 다음부터 스스로 잘 찾아 나옵니다. 아이가 심심해하는 것을 두려워하지 마세요. 그냥 내버려두세요. 표 나지 않게 관찰하면서, 무언가를 던져주면 그걸로 충분합니다.

보통 심심해하는 아이 주변을 보면 가지고 놀 게 하나도 없습니다. 집에 있는 장난감, 교구, 책장 가득 꽂힌 책 등은 아이 기준에서 '갖고 놀 만한 것'이 아닙니다. 아이 기준에서 놀잇감이란 새로운 것, 만질 수 있는 것, 만들어볼 수 있는 것입니다. 그게 뭘까요? 그동안 만져보지 못한 것이라면 무엇이든 좋습니다.

제가 추천하는 가장 좋은 놀이는 '요리하기'입니다. 주재료를 만지고 다듬고, 조리 기구를 이용하고, 조리법을 보면서 순서를 계획하는 과정을 통해 요리를 만들어냅니다. 시작부터 끝까지 순서와 변화와 계획이 아이의 눈 안에 다 들어오기 때문에 이만한 놀잇감도 흔치 않습니다.

글쓰기 책에서 요리를 하라고 하니 뭔가 어울리지 않지만, 김연아 선수도 피겨스케이팅을 하며 발레를 배웠고, 손흥민 선수도 축구를 하며 영어를 배우고, 하정우 배우도 연기를 하며 그림을 배웁니다. 발레와 영어와 그림은 피겨스케이팅과 축구와 연기를 더 잘할 수 있게 도와줄 겁니다. 마찬가지로 요리가 글쓰기를 더 잘할 수 있도록 도와줄 겁니다.

꼭 무언가를 잘하려고 다른 분야까지 들여다보는 건 아닙니다. 다른 분야는 그 자체로 또 다른 '섬'이 되기도 합니다. 늘 하던 놀이에서 벗어나 색다르게 해볼 수 있는 경험은 아이들로 하여금 즐거움과 호기심을 느끼게 하고 창의력을 발견하게 합니다. 평소 쓰지 않던 잔 근육을 키우고, 이전엔 몰랐던 자신의 모습을 알게 되는 경험도 즐거운 일입니다.

글쓰기에서도 표가 납니다. 글을 더 오래, 더 많이 쓴다고 잘 쓰지 않습니다. 미술도 하고, 태권도도 하고, 피아노도 치고, 놀기도 하고, 책도 본 아이들이 표현력도 좋고 글도 잘 써냅니다. 여러 사교육을 받으라는 말이 결코 아닙니다. 생활 속 다양한 경험이 중요하다는 말입니다. 체험 활동 같은 바깥 활동만 말하는 것도 아닙니다. '집에서' '부모와 함께하는' 여러 교감, 경험, 대화, 이벤트야말로 아이에게 가장 필요한 놀이입니다. 특히 궂은 날이거나 전염병 때문에 거리 두기를 해야 하는 날에는 집과 부모만큼 편안하고 좋은 놀이터와 놀이 친구도 없습니다.

집에서 심심함에 절어있는 상태로 내버려두되, 종종 이벤트를 열어주면 아이가 그 시간을 훨씬 지혜롭고 창조적으로 활용할 수 있습니다. 가장 목마를 때에 내미는 물 한 잔이 가장 맛있습니다. 가장 심심할 때 하게 하는 놀이가 아이에게 가장 알맞은 놀이고 오래 남는 추억이 됩니다. 그럴 때 손을 내밀면 아이 얼굴은 어느 때보다 밝아질 거라 확신합니다.

이시형 박사님은《부모라면 자기조절력부터》에서 이런 말을 합니다. 몇 번이고 고개를 끄덕이게 하는 말입니다. 꼭 한 번 읽어보길 권합니다.

아이에게는 외롭고 심심할 때도 있어야 한다. 또래와 어울려 놀 때는 흥분 속에 자극이 넘쳐난다. 이때는 생각할 여유가 없다. 넘쳐나는 자극과 정보로 아이들의 뇌가 혼란을 겪을 수도 있다. 잠시 쉴 수 있는 혼자만의 시간도 필요하다. 심심하고 외로울 때도 있어야 생각할 수 있는 여유가 생기는 것이다. 이런 시간이 있어야 복잡한 뇌 속이 정리될 수 있다. 또한 심심함을 타개하기 위한 온갖 상상력을 동원한다. 그것이 바로 창조다.

10

글은
멀리 있지 않다

글쓰기의 시작은 글자입니다. 주위를 둘러보면 글자가 널렸습니다. 라면 끓이는 법, 길거리 간판, 물건의 사용 설명서, 택배 주소, 전단지 등 글자 없는 세상은 상상할 수 없습니다. 아이들의 일상도 마찬가지입니다. 학교 배치도, 급식 메뉴 설명, 알림장, 수행 학습, 학원 교습 등 차고 넘치는 글자 속에서 하루 종일 산다고 해도 지나친 말이 아닙니다.

이렇게 수많은 글자 속에 묻혀 살아가지만, 우리 아이들의 뇌리에 남는 글자는 그리 많지 않을 수 있습니다. 그러므로 아이들에게 보여주고 싶은 글자는 한번 짚고 넘어가면 좋습니다. 일부러 글자를 찾아보기보다는 간판이나 전단지를 보면서 이야기를 나눠보면 쉽습니다. 예를 들면 집 앞에 있는 '어서와 초밥' 간판을 보고 아이와 문장 만들기를 해봅니다.

"어서 오세요, 맛있는 초밥이 있답니다. 세상에서 가장 맛있는 초밥 드시러 오세요."

'어서 와'를 넣어서 문장을 만들어볼 수도 있지요.

"어서 와서 밥 먹자."

"어서 와, 이제 영화가 시작해."

"어서 와, 엘리베이터 문이 곧 닫혀."

때로는 질문으로 글의 재료가 될 만한 대화를 유도하면 좋습니다.

"어떤 음식이 제일 맛있는 것 같아?"

"세상에서 가장 맛있다고 생각하는 이유는?"

"언제 먹어봤더라?"

"누구랑 먹었더라?"

"맛이 어땠어?"

언젠가 아이와 함께 떡볶이를 먹으면서 중학교 때 친구들과 떡볶이를 먹으러 갔는데 너무 매워 물을 열 컵 마셨다는 이야기를 한 적이 있습니다. 그 이야기를 들은 아이가 자기는 떡볶이를 먹으면서 물을 몇 컵 마시는지, 매운 걸 잠재우려고 어떤 방법을 쓰는지, 언제부터 매운 떡볶이를 먹을 수 있게 되었는지 이야기를 줄줄 이어갔습니다.

자기 이야기가 늘면 자기 글도 자연스럽게 늘어갑니다. 글은 그렇게 생활 속 경험과 대화 속에서 무궁무진하게 이어집니다.

서먹한 글쓰기와 가까워지려면

손가락 힘을 키워요

아이들이 글쓰기를 할 때 가장 중요한 건 무엇일까요? 생각일까요? 연필일까요? 저는 손가락 힘을 꼽습니다. 글쓰기를 지도하는 많은 선생님들을 만나봐도 비슷한 이야기를 합니다. 아이들은 어른과 달리 키보드가 아닌 연필로 공책에 글을 씁니다. 당연히 글자 수가 늘어갈수록 손이 아픕니다. 그런데 해가 갈수록 손가락 힘이 약한 아이들이 많아집니다.

제가 어릴 땐 날이면 날마다 해가 넘어갈 때까지 골목에서 뛰어놀았습니다. 특별한 장난감이 없어도 비사치기를 하고 공기놀이를 하고 고무줄놀이를 하며 자랐습니다. 온몸으로 놀다 보면 몸도 마음도 커지고 힘도 세지는 듯했습니다. 하지만 요즘 아이들은 몸으로 노는 일이 줄었습니다. 미세먼지와 황사, 독감과 코로나19 같은 전염병으로 바깥 활동이 줄어드니 힘 쓸 일은 더욱 줄어든 듯 보입니다. 그래서인지 몸을 써서 하는 일을 부모 세대만큼 잘하지 못하는 것 같습니다.

수업을 할 때 가장 많이 듣는 말이 "손이 아파서 도저히 못 쓰겠어요"입니다. 손이 아플 정도로 대단히 많이 썼느냐 하면 그것도 아닙니다. 대여섯 줄만 넘어가도 앓는 소리를 내면서 연필을 내려놓고 손을 털고 주무릅니다. 쭉쭉 써내려가야 하는데 글이 자꾸 끊기니 아이는 아프고 저는 답답합니다.

평소 집에서 손힘을 키워주세요. 흔히 글쓰기를 할 때 엉덩이 힘을 강조하는데 그보다 손힘이 먼저입니다. 아이들은 팔이 아프다고 손이 아프다고 손가락이 아프다고 몸을 들썩입니다. 손힘 중에서도 악력이라 불리는 손아귀 힘이 중요합니다. 악력을 기르는 데는 '찰흙놀이'가 좋습니다.

부모 세대는 찰흙을 만질 기회가 많았습니다. 요즘엔 손에 덜 묻고 힘을 덜 써도 되는 말랑말랑한 클레이나 슬라임 놀이가 인기입니다. 상상력과 표현력을 키우는 데는 클레이가 좋지만 악력까지 고려한다면 찰흙놀이를 추천합니다.

놀이는 다양할수록 좋습니다. 클레이 놀이도 하고 찰흙놀이도 하면 더 좋습니다. 밖에서 뛰노는 걸 좋아하는 아이라면 저녁 산책을 할 때 철봉에 매달리기나 정글짐 오르내리기도 함께 해보세요. 이런 활동도 악력을 기르는 데 도움이 됩니다.

엉덩이 힘을 키워요

놀이터에서는 한 시간이고 두 시간이고 뛰어노는 아이들이지만, 글쓰기를 한 시간 동안 하라고 하면 대부분 해내지 못합니다. 물론 글쓰기는 생각보다 체력이 많이 소모됩니다. 글을 쓰려면 한자리에 가만히 앉아서 깊게 생각하며 글자를 써야 합니다. 글을 쓰는 내내 연필 끝을 주시하는 것도 쉬운 일이 아닙니다. 아이들 입장에서는 몸을 움직이는 것보다 몸을 가만히 두는 게 더 힘이 듭니다.

이런 아이들에게 글을 한 시간 동안 쓰라고 할 순 없습니다. 하지만 아이가 열 살만 돼도 한자리에 한 시간은 앉아 있을 수 있어야 합니다. 이런 습관은 한순간에 길러지지 않습니다. 평소 집중해서 한 시간 넘게 뭔가 해본 경험이 있어야 합니다. 그림 그리기도 좋고, 블록 조립도 좋습니다. 더불어 권하는 게 '종이접기'입니다.

제가 아는 종이접기를 잘하는 비결은 '꾹꾹 눌러 접기'입니다. 대충 슬슬 접으면 나중에 모양이 제대로 나오지 않습니다. 처음 한두 번은 대충 접던 아이도 모양이 안 나오는 걸 알면 그다음부터는 선을 따라 반듯이 접으려 하고 꾹꾹 눌러 접습니다. 당연히 손에 힘이 들어갑니다. 글을 쓸 때는 연필 끝을 주시하는 집중력이 필요한데 종이접기를 할 때 쓰는 집중력과 비슷합니다. 종이접기가 끝날 때까지 아이들은 접는 선을 주시하고, 만드는 내내 손끝을 보며 작품을 만들어갑니다.

가만 보면 종이접기 과정은 글쓰기 과정과 매우 비슷합니다. 책상 앞에 바른 자세로 앉아야 하고, 종이가 필요합니다. 온힘을 다해 반듯하게 꾹꾹 눌러 접어야 합니다. 종이접기 책을 처음 보면 굉장히 헷갈리는데 몇 번 접어보면 감을 잡을 수 있습니다. 비슷하지 않나요? 종이접기를 진짜 잘하는 비결도 글쓰기 비결과 비슷합니다. 자주 접어봐야 하고, 접는 걸 즐겨야 하고, 그렇게 접다 보면 감도 생기고 요령도 늡니다. 사실 모든 일이 그렇긴 하지만요.

아이들은 접을 때마다 색종이 모양이 변하고 형태가 만들어지는 걸 보며 좋아합니다. 소근육을 발달시킬 수 있고 집중력까지 높일 수 있습니다. 종이접기 아저씨로 유명한 김영만 선생님이 한 잡지에서 종이접기 효과를 말한 적이 있습니다.

"인성 발달에 좋습니다. 종이접기를 하다 보면 급한 마음이 수그러들고 성격이 차분해집니다. 인지 발달 능력을 키워줍니다. 단추도 못 잠그고 지퍼도 못 올리는 어린아이들이 많아요. 그런데 종이를 가지고 조형 놀이를 하다 보면 손과 팔을 움직여 하는 능력이 향상됩니다. 그리고 사회성이 높아집니다. 대개 종이접기는 또래 친구들과 함께하잖아요. 자연히 사회성이 길러지지요. 마지막으로 완성 후의 희열입니다. 내가 직접 만들어 완성했다는 그 희열은 본인 아니면 모르거든요. 종이접기 조형 놀이는 바로 완성 후 희열을 맛보게 합니다. 애들은 여기에 무척 예민하게 반응합니다. 사람은 나이 들수록 이런 희열을 점점 못 느끼게 됩니다."

중요한 건 어릴 때부터 꾸준히 할수록 효과가 높다는 겁니다. 종이접기는 관련 책이나 유튜브 동영상이 굉장히 많습니다. 저는 영상보다는 책을 보면서 해보길 권합니다. 책으로 익히길 권하는 이유가 몇 가지 있습니다.

동영상은 대부분 스마트 기기를 이용해서 봅니다. 스마트 기기를 옆에 두기만 해도 아이들은 자극을 받습니다. 아이들은 움직이고 싶은 본능을 타고난 것 같습니다. 그래서인지 인터넷이 연결되면 다른 동영상으로 자꾸 옮겨 가려고 합니다. 더 빨리 보고 더 빨리 접고 다른 동영상으로 넘어가려고 합니다. 다른 종이접기 동영상으로 넘어가는 것도 한두 번입니다. 눈에 보이는 다른 동영상으로 넘어가고 싶어집니다. 동영상을 보는 내내 아이들은 자극과 유혹을 견뎌내야 합니다. 종이접기 자체에 순수하게 빠져들기 어려워집니다.

동영상은 모든 과정을 전부 담은 것처럼 보입니다. 그래서 더 쉽고 편하게 접을 수 있습니다. 책은 어떤가요? 지면의 한계로 모든 단계를 전부 보여주지 못합니다. 접힌 결과를 보여주는 게 대부분입니다. 당연히 중간 과정이 생략됩니다. 그걸 머릿속으로 그려내는 게 아이들이 종이접기를 해야 하는 이유이기도 합니다.

그래서 책으로 배우기가 더 어렵다고 생각하는데 꼭 그런 것만도 아닙니다. 처음에는 아이들도 익숙하지 않아 버벅거립니다. 하지만 그런 과정을 몇 번 거치면 그다음부터는 능숙하게 접습니다. 중간 과정을 머릿속으로 그려내고 익숙해지는 과정 자체가 종이접기의 장점인데 동영상은 그런 장점을 뺏어버립니다.

종이접기 역시 자기 속도로 접는 게 중요합니다. 한데 동영상은 아이가 접는 속도와 다릅니다. 아이 속도보다 빨라 중간중간 멈춤 버튼을 눌러야 할 때도 있고, 느려서 기다려야 할 때도 있습니다. 기다리는 순간이 잦아지면 지루해집니다. 멈춤 버튼을 눌러야 하는 순간이 많아지면 조급해지고 부산해집니다. 따라 하느라 급급해 정작 내가 뭘 만들려고 하는지조차 잊어버리기도 합니다.

그래서인지 동영상보다 책으로 종이접기를 배울 때 더 오래 기억합니다. 우리 뇌는 불편해야 더 오래 기억합니다. 내 머리를 더 많이 굴려야 오래 기억한다는 말입니다. 실패해야 더 오래 기억하는 경향도 있습니다. 앞에서 말한 것처럼 중간 단계를 머릿속으로 그리다 보면 잘못 그릴 가능성도 높습니다. 당연히 시행착오를 겪을 수밖에 없습니다. 하지만 그런 시행착오가 종이접기 과정을 더 오래 기억하게 합니다.

종이접기를 책으로 익히면 전체 분량과 내용이 머릿속에 들어옵니다. 내가 얼마만큼 접어서 배워가고 성공하고 있는지 가늠도 되므로 도전의식을 불러일으키고 성취감도 줍니다. 동영상이 아닌 책으로 종이접기를 배워야 하는 이유입니다.

책과 친해져요

책은 우리 아이들에게 하나의 커다란 시작일 수 있고, 날개가 되어줄 수 있고 등대가 되어줄 수 있습니다. 책이 지닌 힘과 책에 감춰진 능력과 책에 쓰인 진실을 알아가는 우리 아이들이, 엄마 아빠가, 우리 가족이 되면 좋겠습니다.

책과 친해져야 이런 일들이 가능해집니다. 책에는 누군가의 간절한 바람과 누군가의 애씀과 깨달음의 비밀 또는 누군가의 지혜가 담겨있습니다. 책은 누군가의 기도이며 누군가의 정신이며 누군가의 모든 것입니다. 이 모든 보석 같은 비밀을 품은 책과 아이들이 친해질 수 있도록 도와주세요.

TIP 책과 친해지는 몇 가지 이벤트

읽은 책 수대로 스티커를 붙이고 일주일마다 시상해주세요

한 달은 너무 깁니다. 그나마 일주일은 부담 없이 해볼 만합니다. 일주일이 네 번 지나면 한 달입니다. 한 달에 성취감을 네 번이나 얻을 수 있습니다. 초등 아이들은 스티커 모으기를 생각 이상으로 좋아하고 열심히 합니다. 그러다 중학생만 되어도 시시해합니다. 초등 시기는 그나마 할 수 있는 시기니 할 수 있을 때 하면 좋습니다.

책 읽기에 큰 보상을 걸거나 흥정은 하지 말아주세요

부모님들 중에는 아이가 책만 읽는다면 뭐라도 해줄 수 있다는 분이 많습니다. 하지만 큰 보상은 역효과를 냅니다. 처음에는 잘하는가 싶다가 보상이 따르지 않으면 책을 읽지 않으려 합니다. 보상이 마음에 들지 않는다며 흥정을 하려고도 듭니다. 주객이 전도되기 쉽습니다.

책 읽기에 작은 보상은 권해도 큰 보상을 걸지 말라는 이유입니다.

진짜 보상은 책을 읽으면서 얻는 재미와 즐거움이어야 합니다. 보상은 덤으로 여길 정도로 작은 것이 낫습니다. 책 읽기를 덤이 따라오는 즐거운 경험으로 여기도록 하면 충분합니다.

아이가 볼 만한 책 사이사이에 부모의 마음을 담은 쪽지를 넣어주세요

당장은 아닐지라도 언젠가 (길게는 몇 달이라도) 아이가 예상치 못한 보물을 발견하면, 책을 꺼내는 동기가 될 수 있습니다. 이 때 포스트잇을 활용하면 좋습니다. 아이가 책을 꺼내다 무심코 툭 떨어질 일을 막을 수 있기 때문입니다. 포스트잇은 크기도 작고 가벼운 느낌이라 짧은 글을 쓰기에도 좋습니다. 아무리 부모라도 매번 긴 글을 쓰기는 힘듭니다. 오히려 짧은 글을 자주 써주는 게 좋습니다.

예 이야기가 후다닥 마무리돼 놀랐지 뭐야! 순간 내가 페이지를 건너뛴 줄 알고 되짚어 읽었다니까. 넌 어땠니?

○○아, 요즘 태권도 시범단 하느라 많이 힘들지? 그래도 포기하지 않고 열심히 하는 네 모습 보며 나도 배우고 있어. 고맙고 사랑해.

책을 냄비 받침으로라도 쓰세요

책상, 식탁, 소파, 거실 여기저기에 책을 두면 좋습니다. 저는 책을 식탁에 올려뒀다 라면 냄비 받침으로 쓴 적도 있습니다. 아이들이 라면을 다 먹고 나서 가져가 읽기도 합니다. 냄비 밑에 깔린 책이 궁금했던 모양입니다. 책을 막 다뤄도 좋을 물건처럼 대하게 해주세요. 책으로 탑도 쌓고 길도 만들고 도미노를 하면서 재미있는 경험을 책과 연결해주세요. 그런 기억이 쌓이면 책을 더 편하고 친근하게 받아들입니다.

피라미드 쌓기, 징검다리 놓기, 집 만들기 등에도 책을 소재로 써보세요

아이들은 마음껏 책을 만지면, 만드는 도중이나 후에 반드시 그중 눈에 들어오는 책을 골라서 읽게 됩니다. 한 번이라도 꼭 해보세요.

말하기와 친해져요

글쓰기를 위한 필요충분조건을 하나만 꼽으라고 하면 저는 '말하기'를 꼽습니다. 말하기는 생각하기와 연결되어 있고 생각은 글을 이끌어내는 펌프입니다. 어른이나 아이나 머릿속에 생각이 고갈되면 글이 한 자도 나오기가 힘듭니다. 평소 생활 속에서 아이들이 말하기에 능숙해질 수 있도록 발언할 기회를 자주 주세요. 자주 의견을 물어보고 질문을 던져주고 생각할 거리를 만들어주세요.

"우리 애는 말을 잘하는데요?"

"우리 애는 말이 너무 많고 원하는 게 있으면 끝까지 주장해요."

간혹 이렇게 말하는 부모를 만납니다. 여기서 말하는 '말하기'는 단순히 본능에서 우러나오는 필요에 따른 말과 다릅니다. 꾸준한 연습을 통해 몸으로 익히고, 훈련을 통해 얻은 감각을 거쳐 나온 말하기를 뜻합니다. 학교에서 발표와 토론 등 말하기의 비중이 높아져가는 이때에 자신의 생각을 논리적으로 이야기한다면 아이는 어디서든 자신의 말을 명확하게 할 수 있습니다.

"네 생각을 말해봐."

"학교 가서 발표 잘하고 와!"

"언제든 똑 부러지게 네 생각을 말할 수 있어야 해!"

부모들이 아이에게 꽤 자주 하는 말입니다. 하지만 자기 생각을 말하고 발표하기란 다 큰 어른들에게도 힘든 일입니다. 그럼에도 아이들은 애를 써서 하려고 합니다. 아이들을 어떻게 도와줄 수 있을까요?

말하기는 듣기에서 출발합니다. 아이들은 아기 때부터 부모에게 수많은 말을 들으며 자랍니다. 지금 부모 말을 되돌아보세요. 지시,

잔소리, 은근한 협박, 무시하는 말, 포기하는 말 등은 얼마나 되나요? 반대로 칭찬하는 말, 인정하는 말, 배려하는 말, 긍정적인 말 등은 또 얼마나 되나요? 그 비중 그대로 아이는 따르고 배웁니다. 부모의 말하기가 곧 아이의 말하기입니다.

대화를 나눌 때는 눈을 맞추고 귀를 기울여주세요. 아이가 말할 때 최선을 다해 경청해주세요. 중간중간 알맞은 질문도 해주고 답도 해주세요. 그런 시간이 쌓일수록 아이는 자신의 이야기를 풍성하게 채워갈 거예요. 반대로 부모가 말할 때도 아이가 잘 듣도록 지도해주세요. 부모가 말하는 중간에 아이가 끼어들기도 합니다. 그럴 때는 엄마(아빠)가 말을 마치면 아이에게 말할 기회를 주겠다고 알려주세요. 남의 말을 자꾸 자르고 끼어들지 않도록 가정에서 알려주세요.

한 주제를 깊게 이야기하도록 도와주세요. 조금만 깊게 들어가도 도망치듯 빠져나가려는 아이들이 많습니다. 조금 관심이 덜한 주제를 다른 주제로 돌리려고 딴 소리를 하는 아이도 많습니다. 인내심을 가지고 원래 이야기하려고 했던 주제로 끌고 와주세요. 다른 주제에 대한 이야기는 이 이야기를 마치면 하자고 일러주세요.

이야기를 듣거나 마친 후에 아이가 관련해서 이야기하면 "응", "그래", "아니" 같은 단답형보다는 대화가 이어질 수 있게 질문을 돌려주세요. "그랬구나, 그래서 어떻게 되었어?" 하며 적극적으로 물어봐주세요. 사람들은 대개 질문을 받으면 대답을 합니다. "나 사랑해?"라고 물으면 뭐라도 대답해야겠지요. 질문은 대답을 이끌어내는 마중물입니다.

질문만큼 답변도 중요합니다. 간혹 아이들은 질문 같지 않은 질문을 던지기도 합니다. 그래도 부모는 성심성의껏 답해줘야 합니다. 아이 말을 귀 기울여 듣고 있다는 걸 느끼도록 해주세요.

나쁜 말 습관이 자리 잡지 않게 신경 써주세요. 건들건들 말하는 습관, 말장난으로 일관하는 습관, 상대방의 말을 귀담아듣지 않는 습관, 말을 끝까지 듣지 않고 자르는 습관 등이 굳어진 아이들을 봅니다. 상대를 자극하고 멀어지게 하는 말이라는 걸 알게 해주세요. 단지 글을 잘 쓰기 위해서가 아니라 아이 삶이 따뜻해지기 위해서라도 좋은 말 습관을 익히도록 도와야 합니다.

말하기와 친해지고 글쓰기로 연결하는 방법을 소개하면 다음과 같습니다.

- 가족회의나 토론 시간 등을 정하고 실천합니다.
- 기념일에는 아이에게 행사 진행을 맡겨봅니다.
- 아이가 둘 이상이면 매달 스피치 대회를 열어 시상합니다.
- 책 읽는 소리를 녹음하고 듣게 합니다.
- 좋아하는 동요나 아는 가요의 노랫말을 바꿔 불러봅니다.
- 아이 대답이 신선하거나 신통하거나 재미있다면 바로바로 칭찬해줍니다. 평소 쓰지 않는 남다른 표현이라면 적어서 붙여두거나 아이 말 사전을 만들어 적어둬도 좋습니다.

3장

습관으로 늘리는 글쓰기 11

01

한 글자라도 쓰면
늡니다

글쓰기 비법이란 게 있을까요? 저마다 좋은 방법을 말하지만 똑같이 하는 말이 하나 있습니다. 바로 '내 손으로 직접 써야 한다'입니다. 아무리 훌륭한 글쓰기 수업을 들어도 내가 쓰지 않으면 글쓰기는 한 줄도 나아지지 않습니다. 반대로 내 손으로 직접 쓰면 무조건 느는 게 글쓰기입니다. 그러니 이왕이면 매일, 자주, 틈틈이 쓰게 해주세요.

글쓰기도 타고난 재능이 있어야 잘 쓸 거라 여기는 부모가 많습니다. 아이들도 "저는 '원래' 글을 못 써요"라고 서슴없이 말합니다. 모든 일이 그렇지만 타고난 재능이 있으면 더 빨리 더 잘해냅니다.

하지만 우리는 아이들을 글 작가로 키우려는 게 아닙니다. 내 마음을 솔직하게 써내고, 내 생각을 논리적으로 써내고, 배운 내용을 적절히 정리해서 써낼 수 있다면 충분합니다. 이 정도 글쓰기는 누구라도 쓰고 다듬고 연습하면 잘할 수 있습니다. 한 줄이라도 좋으니 일단 써야 합니다.

글쓰기 학원을 보내면 하루아침에 아이 글이 바뀔 거라 기대하는 부모도 많습니다. 안타깝게도 글은 그렇게 쉽게 바뀌지 않습니다. 보통은 느긋하게 한 해는 봐야 늡니다. 그나마도 학원만 왔다 갔다 해서는 늘지 않습니다.

반대로 한두 달 만에 눈에 띄게 좋아지는 아이도 있습니다. 수업 내내 열심히 쓰고 숙제도 빠트리지 않고 숙제가 아닌 것도 써와서 보여주기도 하는 아이들입니다. 글이 안 늘래야 안 늘 수 없는 아이들입니다. 같은 선생님에게 똑같이 배워도 결과가 천차만별인 건 스스로 쓰는 양과 정성이 다르기 때문입니다. 글은 스스로 써야 늡니다.

'글쓰기 단기 속성'을 원하는 부모일수록 글쓰기를 쉽게 생각합니다. 이야기를 나눠보면 그냥 써지는 대로, 쓰고 싶은 대로 쓰고는 그것으로 뚝딱 완성본을 낼 수 있다고 여깁니다. 아쉽게도 제가 아는 누구도 글을 그렇게 쉽게 쓰지 못합니다.

수십 년을 글로만 먹고 사는 전업 작가조차 쓴 글을 고치고 또 고칩니다. 수십 번 퇴고는 당연한 일입니다. 고치면 고칠수록 글이 좋아진다는 걸 누구보다 잘 알기 때문입니다. 결국 글은 일단 생각나는 대로 쭉 쓰고, 다듬고 또 다듬어야 늡니다.

어른인 나조차도 힘든 글쓰기를 굳이 초등 아이에게 가르쳐야 하느냐고 묻는 분이 있습니다. 아이가 글쓰기를 너무 싫어하고 힘들어하면 당연히 미뤄야 합니다. 다만 시도조차 하지 않고 일찌감치 힘들 거라고 포기하진 말아주세요.

참 많은 아이들을 오래도록 만나왔습니다. 그 아이들 모두 처음에는 하나같이 글쓰기를 서먹해했습니다. 한동안 마음을 열지 않고 주위만 뱅뱅 돌며 도망칠 기회만 엿보는 듯했습니다. 아이들은 그런 시간을 충분히 보내고 난 다음에야 마음을 열었습니다. 누구라도 예외 없이 모든 아이가 거치는 과정입니다. 그러니 부모라면 아이와 글쓰기가 가까워질 기회를 주고 기다려주길 권합니다.

물론 마음이 열렸다고 다는 아닙니다. 쓰기는 쓰지만 딱 거기까지인 아이도 있습니다. 다듬어보자고 하면 귀찮고 싫은 내색을 하며 연필을 딱 놓아버립니다. 그럴 때마다 어르고 달랩니다. 그러면 아이들은 못 이기는 척 써줍니다. 참으로 고맙고 기특합니다. 그렇게 조금이라도 고쳐보는 아이들은 고쳤더니 좋아지는 걸 보고 그다음부터는 알아서 다듬어내곤 합니다. 그렇게 아이들은 글을 써나갑니다.

글을 잘 쓰는 비결을 묻는 질문에 예외 없이 등장하는 말이 있습니다. 중국 송나라 때 문인인 구양수가 답한 삼다(三多, 다독多讀, 다작多作, 다상량多商量)입니다. 저는 순서를 바꿔 삼다를 '평소 많이 읽고, 넓고 깊게 생각하며, 꾸준히 써야 한다'로 받아들입니다. 그중 제일은 꾸준히 쓰기입니다. 아무리 풍부한 지식과 생각을 갖고 있어도 문장으로 표현해내지 않고서는 글로 완성될 수 없으니까요.

삼다는 더할 나위 없이 훌륭한 글쓰기 비법이지만 현실에서는 잘 통하지 않습니다. 누구나 아는 비결이지만 실천하기가 쉽지 않아서입니다. 어른에게도 힘든 일인데 아이들은 오죽할까요. 멋모르던 시절 아이들에게 글쓰기 비법이라며 삼다를 소개한 적이 있는데, 아이들의 질린 표정이 지금도 생생합니다. 아뿔싸.

그다음부터는 아이들도 해볼 만하겠다 싶은 걸로 바꿨습니다. 평범한 연습법인데, 다름 아닌 '일단 뭐든 써보자'입니다. "멋진 글이든 엉망인 글이든 한 줄이든 두 줄이든 상관 말고 그냥 쓰면 그것만으로 충분하다. 처음부터 잘 쓰는 사람은 본 적이 없다. 다들 쓰다 보니 잘 쓰게 된 거다"라고 말해줍니다. 그리고 글쓰기 수업을 거쳐 간 또 다른 아이들이 첫날 와서 쓴 글과 한두 해 지나서 쓴 글을 보여줍니다. 그럴 때 아이들은 찰나지만 눈을 반짝입니다.

집에서라면 부모가 시범을 보여주세요. "○○이가 볼 글을 썼어. 사실 나도 글쓰기는 자신이 없어. 그래도 쓰다 보면 늘겠지?" 이 정도면 충분합니다. 솔직하고 담담하게, 그렇지만 짧게 써주면 좋습니다. 기왕 이렇게 썼다면 앞으로도 쭉 아이와 함께 글쓰기를 해나가면 좋고요.

그렇게 시작한 글은 계속 이어지기만 하면 됩니다. 일주일에 한두 번이라도 좋습니다. 한 해에 하루씩만 늘리자고 마음먹으면 3년 후에는 매주 4회 글을 쓰게 될 겁니다. 하루에 한 글자씩만 늘리자고 해도 한 해가 지나면 365자가 넘습니다. 원고지 1매는 200자입니다. 느긋하게 마음먹어도 내년이면 원고지 2매를 거뜬히 써낼 수 있습니다. 글쓰기가 세상 쉽게 느껴지지 않나요?

그런 마음으로 일단 시작을 도와주세요. 무슨 일이든 시작하고 꾸준히 하면 못하려야 못할 수가 없습니다. 글쓰기도 마찬가지입니다. 꾸준히 쓰다 보면 글에 변화가 느껴지는 임계점을 만납니다. 아이들은 그 변화를 금방 알아챕니다.

분명 어제까지는 비슷했던 것 같은데 오늘 갑자기 술술 써지는 날이 있습니다. 어느 날부턴가 스스로도 깜짝 놀랄 만한 참신한 표현을 써내곤 뿌듯해합니다. 본인이 쓰고도 내가 쓴 글이 맞느냐며, 세상에 이렇게 훌륭한 글이 나올 수 있느냐며 흥분하기도 합니다. 그런 날이 점점 늘어납니다.

글의 마지막 마침표를 찍었을 때 쉬게 되는 그 가뿐한 한 숨, 청량한 기분, 무겁지만 산뜻해지는 성취감, 일단 써냈을 때의 기쁨. 그런 좋은 기분은 글을 계속해서 써나가게 하는 동력입니다. 그런 순간이 분명 옵니다. 그 순간이 올 때까지, 무조건 써보는 겁니다.

그래서 저는 오늘도 말합니다. 일단 글을 씁시다!

시작해보세요

글쓰기를 싫어하는 아이들이 가장 싫어하는 말은 무엇일까요? 바로 이 말입니다.

"네 생각을 한번 써봐!"

평생 '생각'이라는 걸 해본 적이 없는 사람마냥 일시 정지 상태가 되는 아이도 있고, 무슨 생각을 쓰라는 건지 모르겠다며 입을 삐죽거리는 아이도 있고, 생각하기도 싫고 쓰는 건 더 싫다며 식식거리는 아이도 있습니다. 그게 뭐 힘든 일이라고 한 줄이라도 써주면 좋겠는데 단숨에 써내는 아이는 드물지요.

그럴 땐 조금 기다리거나, 글쓰기 소재를 바꿔주거나, 지금 눈앞에 보이는 걸 그대로 써달라고 해도 좋습니다. 그럼 아이들도 한발 양보하고 써냅니다. 한 줄이라도 쓰면 성공입니다.

하늘에 떠있는 구름을 보고 '하늘에 구름이 있다'라고 쓸 수 있겠지요. 그렇게 쓰면 구름은 무슨 구름이고 어떤 모양인지(흰 구름인지 먹구름인지 솜사탕 같은지 양털 같은지), 하늘은 무슨 색인지(새파란 색인지 보랏빛인지 노을빛인지), 이런 하늘을 보면 어떤 기분이 드는지, 평소 좋아하는 날씨는 무엇인지 등 다양하게 이야기를 확장해나갈 수 있습니다.

첫 문장을 쓰는 게 어렵지 두세 문장으로는 금방 나아갈 수 있습니다. 하지만 더 욕심내면 곤란합니다. 세 문장 정도는 써내는 아이도 공책 한 면을 가득 채우는 건 무리입니다. 일단 시작은 세 문장 쓰기입니다.

한 문장이라도 좋으니 일기 쓰기를 아이와 함께 시작해보세요. 매일 무슨 글을 써야 하나 고민하고 있다면 공책 한가운데에 '아무리 생각해도 오늘은 도무지 쓸 말이 없다. 사실 쓸 힘도 없다'라고 써도 좋잖아요. 그냥 쓰는 거죠.

그리고 일기를 매일 하루를 정리하는 글이라고 오해하지 말아주세요. 어제 일이든, 십 년 전 이야기든 오늘 쓰면 그게 일기예요. 그런 마음으로 그냥 아무렇게나, 대신 자주 쓰길 바라요. 그래도 "글쓰기는 역시 어려워요"라는 아이들과 부모님에게 드라마 〈런 온〉에 나온 여자 주인공의 대사로 답을 대신할게요.

"아니 무슨 방학 숙제도 아닌데 뭐가 그렇게 어려워요? 누구한테 문장력 과시하려고요? 어, 혼자 볼 건데. 원래 일기라는 게 아무한테도 안 보여주고 혼자 쓰고 보는 건데 누구 눈치 보는 거예요? 그러니까 뭐, 문장력이니 글발이니 그런 거 다 제쳐놓고서 그냥 솔직하게만 쓰면 돼요. 알겠죠?"

그 후로 〈런 온〉의 남자 주인공은 틈틈이 메모장에 글을 씁니다.

첫째 날 일기 쓰는 법을 배웠다. 기분이 좋다.
둘째 날 제임스와 브루노를 만났다. 말이 잘 안 통한다. 답답했다.
셋째 날 낯선 곳에 왔다. 오미주 씨가 아팠다. 무서웠다.

아이도 부모도 〈런 온〉의 주인공처럼 일기장 대신 메모장 하나 가지고 다니면서 써보면 어떨까요? 어차피 누군가에게 보여줄 게 아니라면 메모장을 가방에도 넣고, 식탁에도 두고, 책상 앞에도 둬서 아무 때고 손만 뻗으면 쓸 수 있게 하면 어떨까요?

혼자 보는 글쓰기 공책도 좋고, 서로 바꿔 보는 교환 글쓰기 공책도 좋아요. 부모와 아이가 함께 쓰는 글쓰기 공책이라면 뭐든 좋습니다. 지금 시작해보세요.

TIP 독후감의 첫 줄을 쓰게 하는 몇 가지 방법

마음에 드는 문장을 골라서 그대로 따라 적게 한다

일단 따라 쓰면 한 문장이라도 글을 시작했기 때문에 마음이 놓이고, 그다음 문장 정도는 적을 수 있게 됩니다. 한 문장, 한 문장이 이어지도록 도미노 게임을 상상하면서 글을 쓸 수 있게 합니다.

글의 주제를 간소화하고 극소화해서 써보게 한다

가장 재미있었던 장면을 찾아서 그 장면에 대한 글만 써보게 합니다. 책 전체 줄거리 요약이나 소감문 쓰기에 익숙하지 않은 아이일수록 한 장면에 깊이 머물러 표현해보는 연습을 하는 것이 좋습니다. 그것만으로도 글에 대한 부담감을 많이 내려놓을 수 있습니다.

예 가장 재미있었던 장면을 소개하고 그 이유 써보기

제목을 봤을 때 든 느낌과 책을 다 읽고 난 후의 느낌 비교하기

마지막 장면에 대해 설명하고 뒷이야기를 상상해서 쓰기

단 하나만 남긴다는 생각으로 쓰게 한다

꽤 많은 아이들이 책을 읽고 ①이 책을 고른 이유, ②줄거리, ③느낌 순서로 독서록을 씁니다. 아이들에게 줄거리를 모두 쓰게 하는 건 큰 부담입니다. 너무 많은 걸 기억하려고 해서 아무것도 기억하지 못하는 아이들이 많습니다. 기억하기 힘드니 부담스러울 수밖에 없습니다.

책을 읽을 때 줄거리를 모두 기억하려 애쓰지 않아도 된다고 알려주세요. 책을 다 읽고 덮었을 때 한 가지만 기억에 남아도 충분하다고 알려주세요. 줄거리는 그 한 가지를 찾기 위한 과정 정도로 바라보게 해주세요.

《흥부놀부전》이라면 형제의 우애, 권선징악, 제비 다리 고치기, 보물 박처럼 기억에 남는 한 가지 이야기, 생각, 느낌을 파고들며 쓰게 합니다. 아이들은 훨씬 쉽게 써내고, 깜짝 놀랄 만큼 잘 써내기도 합니다. 쉽게 쓰고 잘 써야 자주 쓰고 계속 씁니다.

02

단숨에 쭉 써야
더 많이 씁니다

글을 한 땀 한 땀 수놓듯 정성들여 쓰는 것도 좋지만, 글을 처음 배우는 아이들이라면 한 호흡으로 쭉 써내려가는 습관이 배도록 해야 합니다. 글맥이 자꾸 끊기면 어디서 다시 무슨 말로 시작해야 할지 생각하느라 시간을 보냅니다. 글을 쓰는 시간이 길어지면 아이들은 지루해져 도망치고 싶어 합니다. 그런 마음이 들기 전에 단숨에 써내려가도록 도와줘야 합니다.

아이들은 어른보다 집중하는 시간이 짧습니다. 우치다 겐지가 쓴 《엄마 말투부터 바꾸셔야겠습니다만》을 보면 아이와 대화를 나눌 때 골든타임은 1분, 글자 수로는 350자 전후라고 나옵니다. 350

자라고 하면 감이 오지 않을 겁니다. 다음 글이 350자 정도입니다.

힘 좋은 아이가 힘 있는 글을 쓰듯 성급한 아이가 쓴 글은 뒤에 누가 쫓아오는 듯합니다. 읽다 보면 숨이 찹니다. 온화한 아이들은 글도 따뜻하고, 숫기가 없는 아이들은 글에서도 수줍음이 묻어납니다. 이러니저러니 해도 어떤 글이든 쓰면 됩니다. 자신을 드러내는 글은 언제나 환영할 일입니다. 어떤 아이건 무슨 글이건 일단 한 줄을 쓰게 하면 성공입니다.

뭐라도 한 줄을 쓰면 두세 줄을 잇는 건 첫 줄만큼 힘들진 않습니다. 수업을 할 때도 첫 줄 쓰는 게 먼저입니다. 그 한 줄이 다음 줄을 쓰게 하는 안내 역할을 합니다. 첫 줄을 쓰면 이어 쓸 수 있고, 이어 쓰다 보면 마지막 줄까지 쓸 수 있습니다.

아이들은 보통 글자 크기로 10줄 정도 글을 쓰면 집중력이 떨어지고 힘들어한다는 말입니다. 바꿔 말하면, 아이가 온 정성을 다해 글을 써도 불과 10줄 정도 쓰면 슬슬 힘들다고 느낀다는 겁니다. 이후에도 계속 쓰느냐 마느냐는 아이의 인내력이 결정합니다.

글자 수도 글자 수지만 시간에 따라 집중력이 흐려지기도 합니다. 1분 안에 어느 정도의 글을 써내느냐에 따라서 계속 써볼 만한지 그만두고 싶은지가 정해집니다. 그래서 아이들에게는 글을 쓰기 전에 어떤 글을 쓸지 1분 동안 머릿속으로 가만히 떠올려보라고 합니다. 그다음에 알람을 켜고 한숨에 써내려가게 합니다. 글을 쓰기 시작하여 마무리하고 수정하는 시간까지 총 10분입니다.

수업을 해보고 아이들이 '생각하는 시간'인 1분 동안 글의 2/3 분량을 떠올린다는 걸 알게 되었습니다. 골든타임인 1분을 어떻게 쓰는지와 1분 안에 써낸 아이들의 글 양에 따라 결과는 크게 달라졌습니다. 1분 안에 열 문장을 쓰라는 말이 아닙니다(초스피드가 아니면 불가능하겠지요). 쓸 내용을 1분 안에 열 문장 정도 떠올리면 된다는 말입니다.

그렇게 떠올린 내용을 10분 내외로 써내면 됩니다. 10분을 줘도 대개 그 안에 글을 마무리합니다. 일단 그렇게 글을 완성하면 아이들은 안도하고 뿌듯해합니다. 고치고 다듬고 추가하는 건 훨씬 쉽게 해냅니다. 수정하는 걸 귀찮아하면서도 애써 쓴 글의 완성도를 높이기 위해서라면 기꺼이 하려 합니다.

가만히 앉아 정성을 다해 쓰려고 하면 오히려 생각만큼 잘 써지지 않습니다. 한 문장 쓰고 고치고, 한 문장 쓰고 고치다 다음 문장을 잇지 못해 또 시간을 끌다가 대여섯 문장을 쓰고 연필을 놔버립니다. 막막하고, 지루하고, 지치니까요. 그래서 가능하면 10분을 주고 단숨에 쭉 쓰도록 가르칩니다.

아이들의 집중력은 짧기에 더 소중합니다. 그 소중한 집중력을 생각하는 데 집중하도록 가르치면 더 빨리 더 많이 더 잘 씁니다. 고치기는 다음 일입니다.

03

틀에 기대어 써도
괜찮습니다

아이들은 부모들이 생각하는 것보다 훨씬 많은 글을 써내고 있습니다. 국어 교과서를 한 장 한 장 넘겨본 적이 있나요? 1~2학년 교과서는 활동이 많다 보니 말하기와 단어 쓰기 중심이지만 3학년 교과서부터는 글쓰기가 본격적으로 등장합니다. 일기와 독서록은 기본이고 시, 편지, 기행문, 설명문, 기행문 같은 형식의 글을 어떻게 써야 하는지 알려주고 직접 써보게 하는 내용이 많습니다.

다른 교과 활동도 마찬가지입니다. 글쓰기와 가장 멀게 느껴지는 과학/실험 관찰 교과서를 한번 펼쳐보세요. 실험 보고서를 빼곡히 채워야 할 만큼 써야 할 글 양이 많습니다. 놀랍지 않나요? 고학년을 앞둔 부모라면 조바심이 날지 모르겠습니다. 곧 중학생인데 형식에 어긋나지는 않는지, 맞춤법과 띄어쓰기는 맞는지, 내용은 적절한지 등을 확인하고 일러주고 싶을 겁니다. 그러지 않길 바랍니다.

글은 어느 정도 양이 늘어나야 질을 이야기할 수 있습니다. 여덟 살이든 열세 살이든 글쓰기가 처음이라면 일단 양을 늘리는 게 우선입니다. 꾸준히 쓰고 있다면 그것만으로도 칭찬해주세요. 그러다 보면 분명 잘 써지는 날이 옵니다.

게다가 걱정할 게 없는 게 학교든 학원이든 초등 아이들에게 요구하는 글쓰기 수준이 높지 않습니다. 초등 아이들은 그저 어느 정도 열심히 썼다는 표시만 나도 예뻐 보이고 인정받을 수 있습니다. 실제로 낑낑대며 쓰는 모습을 보고 있으면 얼마나 대견하고 기특한지 저절로 칭찬이 나오기도 합니다. 문제는 그만큼도 쓰지 않는 아이들입니다.

학교나 학원에서는 친구들이 다 쓰는 데다 교실을 나가려면 어떻게든 써내야 하지만 집에서는 그나마도 쓰지 않으려 합니다. 많은 부모가 말합니다. 잘 쓰길 바라지 않을 테니 '그냥 좀 쭉'이라도 쓰면 좋겠다고요.

"아니~, 좀~ 그냥 제발 좀 쭉~ 쓰라고!"

"쭉이 안 돼? 쭉?"

쓴다고 앉은 게 언젠데 몇 분이 지나도록 한 줄을 못 쓰니 열불이 터집니다. 겨우 한 줄 썼나 싶었는데 그나마 쓴 걸 지우고 있고, 또 멍하니 앉아 있고, 도무지 못 쓰겠다며 조금 쉰다고 합니다. 또는 놀다 와서 쓰거나 내일 쓰겠다고 합니다. 부모 입에선 나도 모르게 한숨이 새어나옵니다. 하지만 답답해도 마음을 추슬러야 합니다. 화를 낸다고 쭉 써질 글이면 진즉 써졌을 겁니다. 어쩔 수 없습니다. 내 아이만 그런 게 아니고 대다수 아이가 그렇습니다.

안 해보던 거라 서먹해서 망설이고 머뭇거린다고 여겨주세요. 고비를 넘기면 한 줄이 두 줄이 되고, 두 줄이 세 줄이 되는 아이들이 있습니다. 글쓰기를 잘하거나 좋아하지는 않아도 그럭저럭 해나가는 아이들입니다. 물론 다 고비를 넘는 건 아닙니다.

"아~ 진짜, 선생님, 누가 글을 만든 거예요? 너무 싫어요.

"선생님, 제가 진짜 싫어하는 게 뭔지 아세요? 바로 글쓰기예요."

"선생님, 왜 글을 써야 해요? 그냥 말로 하면 안 돼요?"

여전히 글쓰기가 싫은 아이가 많습니다. 아이들은 수업 시간마다 철학을 합니다. 쓰느냐 마느냐 그것이 문제로다! 몸을 배배 꼬며 불평을 늘어놓기도 하고, 한글을 만든 세종대왕을 원망하기도 하고, 남들 다 하는 걸 왜 나는 잘 못하는지 모르겠다며 한탄하기도 합니다. 이런 아이들을 붙잡아 앉혀놓고 글을 쓰게 할 수 있을까요?

쉽지 않지만 해야겠지요. 글쓰기와 영영 이별하게 할 순 없으니까요. 대신 다른 각도로 접근해야 합니다. 가장 먼저 할 일은 글쓰기가 편안하고 즐거울 수 있다는 걸 경험하게 하는 겁니다.

누구라도 어렵지 않게 술술 쓸 수 있는 틀을 마련해주면 쉽습니다. 마음대로 쓰든, 틀에 기대어 쓰든 온전한 결과물을 보면 아이들은 뿌듯해합니다. 한 줄도 못 쓰던 아이가 서너 줄을 그럭저럭 쓰게 하는 방법을 살펴보겠습니다.

메모지에 쓰기

먼저 손바닥만 한 메모지를 준비합니다(바닥에 고정되는 포스트잇이라면 더 좋습니다). 일반 공책을 보면 한숨을 쉬던 아이도 메모지를 한 장씩 나눠주면 써보려고 합니다. 메모지가 워낙 작다 보니 어렵지 않게 채울 수 있고, 쪽지를 쓰듯 가벼운 내용을 써도 될 것 같아서입니다. 부담이 사라지니 마음이 가벼워집니다.

첫머리 또는 끝머리 정하고 쓰기

글의 첫머리 또는 끝머리를 정해줍니다. 글을 비교할 때 남달라 보이는 부분은 첫머리와 끝머리입니다. 중간에는 설명, 줄거리, 예시 등이 들어가므로 어떤 아이가 써도 비슷하고 그건 차차 배워나가면 됩니다. 초등 아이 글에서 중요한 차이는 첫머리와 끝머리에서 나옵니다. 전략적으로 첫머리와 끝머리 글을 힘주어 쓰는 연습을 할 수 있습니다.

자신의 생각을 쓸 수 있도록 첫머리를 '나'로 통일하자고 합니다.

예 내 생각에는, 내가 보기에, 나는, 나도

특정한 제시어를 미리 적어두고 뒤를 채우게 해도 좋습니다.

예 오늘 나의 하루는, 생각해보면 내가 하고 싶은 것은, 지금 내 기분은, 내가 친구들과 다른 점은, 내가 속상한 것은, 내가 기뻤던 적은 수업에서 '너였으면 좋겠어'와 '나였으면 좋겠어'로 마무리하는 글을 써보라고 한 적이 있습니다.

(노력하고 항상 남을 차별하지 않는 아이가)

너였으면 좋겠어.

(욕, 나쁜 말 하지 말고 좋은 습관 들이는 아이가)

너였으면 좋겠어.

(방해하는 사람이 있어도 꿋꿋이 해내는 아이가)

너였으면 좋겠어.

(할 일이 많고, 동생 책임이 있어도 밝은 아이가)

나였으면 좋겠어.

(장애가 있는 친구도 잘 도와주는 아이가)

나였으면 좋겠어.

편지 형식으로 쓰기

순식간에 글을 늘릴 수도 있습니다. 그건 바로 아이가 요구하고 싶은 걸 편지 형식으로 쓰게 하는 겁니다. 다음은 4학년 서연이가 쓴 눈물겨운 편지입니다.

엄마에게~ ♡

엄마 저 서연이에요.

제발제발제발제발제발제발제발제발

쓰다듬을 수 있는 애완동물 키우게 해주세요.

저랑 성격이 비슷하고, 제 마음을 나눌 수 있는

☆★애　완　견★○

이요!!!

아니면 인공지능 강아지 로봇이나 AI 로봇이라도 사주세요!!!

아니면 친구와 같이 살게 해주세요.

저와 함께 공부하고 지식을 공유하는 친구로요.

엄마가 애완견을 싫어하는 건 잘 알아요.

그래도 저에겐 함께 웃고 떠들 수 있는 친구가 필요해요.

- 사랑하는 부모님에게~ ♡ 바라고 바라는 딸 서연이가 ♡

얼마나 간절한지 '제발'이 8번 나오고 느낌표가 엄청나네요. 아이들은 간절히 원하는 것이 생기면 그만큼 열심히 씁니다. 이럴 때 부모가 아이의 애절한 편지에 상응하는 답장을 써주고 생각을 주고받으면 이 또한 아이에게는 좋은 글쓰기 훈련이자 추억이 됩니다.

어떤 소재든, 무슨 이유든, 어떤 형식이든 아이들이 매일 직접 글을 쓰기만 하면 시간이 걸릴지언정 자신의 마음과 생각을 명확하게 잘 쓰는 날이 분명히 옵니다. 매일 밥을 먹듯 글을 쓸 수 있도록 밥 먹기 전에 글을 쓰면 어떨까요? 밥도 먹기 전에 얹힐 것 같나요?

막상 해보면 또 그렇지 않습니다. 오히려 조금 지루했던 자투리 시간이 재미있게 바뀌기도 합니다. 어른들도 커피나 음식을 주문하고 대기하는 아주 짧은 시간에 다이어리를 정리하거나 메모를 하곤 합니다. 아이들도 마찬가지입니다. 짧은 시간이지만 상상 속에 빠져들기도 하고, 생각에 잠기기도 하고, 누군가를 떠올리며 킥킥대기도 합니다.

① 평소 식탁에 주제어 카드를 준비해주세요. 애매하게 시간이 뜰 때도 활용하면 좋지만 이 경우에는 꾸준히 하기가 어렵습니다. 매일 써버릇하려면 부모가 식사를 준비할 때가 좋습니다.

② 식탁에 앉아 기다리면서 원하는 주제어 카드 뒷면에 글을 쓰게 하는 겁니다. 모든 카드에 주제를 써두지 않아도 됩니다. 부모나 아이가 그날 주제를 정해서 써도 되고, 어떤 날은 아주 잠깐 떠오르는 생각이나 마음을 쓰게 해도 좋습니다. 카드에 쓸 수 있는 주제는 다음과 같습니다.

- 나만의 스트레스 해소법

- 나는 어떨 때 기분이 좋아지나요?

- 맛있는 음식을 누구와 먹고 싶은지와 그 이유를 말해주세요.

- 토끼와 거북이가 레슬링을 하면 누가 이길까요?

- 내가 과학자가 된다면 만들고 싶은 물건은?

- 오늘 1시간이 멈춘다면, 그 시간 동안 뭘 하고 싶나요?

- 내가 지금 투명인간이 된다면?

- 오늘 있었던 일 중에서 기억에 남는 일은?

- 하늘이 빨간색이 된다면 어떤 일이 벌어질까요?

- 속상해하는 친구를 어떻게 위로해줄 수 있을까요?

- 내가 가장 좋아하는 사람에게 어떤 선물을 주고 싶나요?

- 나만의 동물원에 동물 세 마리를 데려올 수 있다면 어떤 동물을 데려올까요?

- 겁이 많은 독수리와 겁 없는 참새가 친구가 되면 무슨 일이 일어날까요?

- 시계가 거꾸로 가고 있어요. 과거로 돌아갈 수 있다면 언제로 돌아가고 싶나요?

- 원하는 열매를 맺는 나무가 있다면, 어떤 열매가 맺히길 바라나요?

- 가지고 있는 물건 중 가장 소중한 것이 무엇인가요? 그 이유를 말해주세요.

- 최근에 가장 고마움을 느꼈던 때를 떠올려보세요.

- 아침에 일어나기 싫을 때 잠을 깨는 방법을 알려주세요.
- 딩동~ 택배가 왔어요. 택배 상자에 무엇이 있으면 좋을까요?
- 내가 대통령이 된다면, 만들고 싶은 법을 한 가지 생각해봐요.

③ 형식에는 제한이 없습니다. 쓰고 싶은 대로 쓰면 됩니다. 그런 시간이 쌓이면 글이 말처럼 편해질 겁니다. 우리가 언제 말을 각 잡고 했나요? 글도 마찬가지입니다. 쓰고 싶은 글은 언제든 툭 나올 수 있고, 툭 나올 때 써버릇하면 글은 쉽게 늡니다. 가랑비에 옷이 젖듯 매일 조금씩 자주 쓸 수 있는 방법을 고민해주세요.

04

고쳐 쓰면 쓸수록
좋아집니다

글쓰기 수업에 오는 아이들에게 "글은 네 얼굴이고, 네 마음이고, 너를 대신할 수도 있어"라는 말을 자주 합니다. 실제로 혜민이 글을 읽으면 혜민이 얼굴과 마음이 몸이 자라듯 성장하는 게 보입니다. 정말인지 함께 볼까요? 혜민이는 어릴 때부터 오며 가며 봐왔던 아이입니다. 그렇게 알던 아이가 6학년이 되자 글쓰기 수업을 찾아왔습니다. 첫날이라 가볍게 말하고 싶은 걸 써보자고 했습니다.

나는 책이 싫다. 정말 싫다. 책을 읽고 싶지 않다. 왜냐하면 학교 숙제에, 시간도 안 가고, 지루하고, 이해가 안 된다. 하지만 가끔씩 재미있는 책들도 나온다. 예를 들어서 추리소설이 있다. 내가 읽은 추리소설 중에는 '코난'이 있는데, 범인을 잡으려고 단서들을 추리하는 것이 재미있다.

첫 글의 양이나 수준이나 내용은 중요하지 않습니다. 중요한 건 지금이 아니라 다음이니까요. 점점 더 좋은 글을 쓰면 됩니다. 분명히 더 잘 쓸 수 있는 아이들입니다. 저는 일단 첫 글이든 두 번째 글이든, 잘 썼든 못 썼든 어쨌든 한 번은 쓴 글을 고쳐보게 합니다. 그대로 두면 다음에도 똑같은 양과 수준으로 글을 쓰기 때문입니다. 시범으로 아이가 쓴 글을 다듬어서 보여주기도 하고 어떤 식으로 다듬어야 할지 안내를 하기도 합니다.

아이들은 주고받는 말과 글을 보면서 어떻게 표현해야 하는지 대충 감을 잡고, 직접 고쳐보면서 더 확실히 감을 잡습니다. 물론 한두 번 경험한다고 글이 바로 늘 리 없습니다. 꾸준히 반복해서 연습하고 노력하는 시간이 쌓여야 합니다. 반복 연습으로 바뀌는 과정을 본인이 느끼도록 만들어주는 게 가장 확실합니다. 혜민이도 같은 과정을 거쳤습니다. 먼저 쓴 글을 읽게 하고 다음으로 낭독하게 하고 마지막으로 고치고 싶은 부분을 다듬어보자고 했습니다. 이왕이면 쓴 글에 제목도 붙이자고 했고요. 그렇게 아이는 두 번째 글을 써냅니다.

〈책에 대한 나의 생각〉

나는 책이 정말 싫다. 책을 읽고 싶지 않다. 왜냐하면 학교 숙제에, 시간도 안 가고, 지루하고, 이해가 안 된다. 하지만 가끔씩 재미있는 책들도 나온다. 재미있는 책들 중에는 추리소설이 있다. 내가 읽은 추리소설 중에는 '코난'이 있는데 범인을 잡으려고 적은 단서들로부터 추리하는 것이 재미있다.

한 자라도 아이가 바꾸면 성공입니다. 다음으로 제가 아이 글을 다듬어줍니다. 글을 다듬어줄 때는 아이 글을 최대한 살리고 생략된 부분을 채워주면 좋습니다.

〈책에 대한 나의 생각〉

나는 책이 정말 싫다. 책을 읽고 싶지 않다. 왜냐하면 학교 숙제도 해야 하고, 놀고도 싶고, 학교 다녀오면 가만히 있고 싶기도 한데, 읽기 싫은 책을 읽어야 하니 시간도 안 가고 지루하다. 이해도 안 된다. 책을 왜 읽어야 하는지도 모르겠다.

하지만 가끔씩 재미있는 책도 있다. 재미있는 책 중에는 추리소설이 있다. 나는 추리소설을 좋아한다. 내가 읽은 추리소설 중에 《명탐정 코난》이 있는데, 범인을 잡으려고 적은 단서들로부터 추리해나가는 것이 참 재미있다. 코난 같은 소설이라면 매일 읽어도 좋을 것 같다.

"이게 네 마음 아냐?"라고 말하면 그때마다 아이들은 '오~ 어떻게 알았지?' 하는 눈빛을 보냅니다. 아이들의 마음이 아주 조금 열리는 순간입니다. 글쓰기를 힘들어하는 아이 대다수는 독서도 싫어합니다. 그래서인지 저 역시 많은 아이들에게 '책이 싫다'는 이야기를 들어야 합니다. 그럴 땐 그 생각을 다시 생각하고 말하고 쓰게 합니다. 그조차 글쓰기를 하는 데 좋은 소재니까요. 그리고 쓴 글을 가다듬고 다시 써볼 수 있는지 스스로 말하게 합니다. 이렇게 하면 그다음에 글을 쓸 때는 적어도, 처음보다는 나은 글을 쓰곤 합니다.

혜민이 글을 읽자니 아이가 더 궁금해집니다. 혜민이에게 머릿속을 그려보자고 했습니다. 6학년 여자아이의 중심에는 가족과 친구가 자리하고 있네요. 멍도 때리고, 영어를 싫어하고 여행을 가고 싶어하고, 책과 글에도 관심은 있지만 휴대전화와 TV와 만화와 공기놀이만큼은 아니네요. 잘하건 못하건 학생이니 공부도 한자리를 차지하고 있고요. 이 아이의 글이 어떻게 성장해가는지 함께 볼까요?

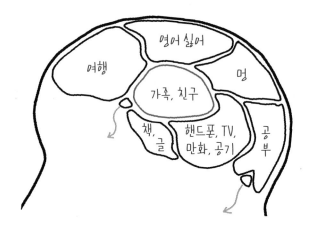

몇 달 후에 쓴 혜민이의 글입니다. 깜짝 놀랄 만큼 글 양이 늘었네요. 글을 쓰기 전에 어떤 생각을 갖고 있는지 '말하기'를 꾸준히 훈련한 결과입니다. 그럼 내용은 어떨지 한번 볼까요?

안녕하세요! 저 김혜민 입니다. 제가 제인구달 할머니라고 불러도 될까요? 제가 지금까지 살아오면서 동물 중에 침팬지를 가장 좋아하고 아끼는 사람은 할머니가 처음이었어요. 그것도 50년씩이나. 저는 끈기가 강해야 할 수 있다고 생각해요. 저는 끈기가 할머니처럼 강하지 않아서 오래 생각하는 것을 싫어해요. 그래서 저는 할머니가 아주 대단하다고 생각해요. 또 침팬지를 만나고 보호해 주기 위해서 연구기금을 모은 것이 아주 대단했어요. 할머니는 매우 감상적이셔서 침팬지들에게 번호를 붙이지 않고 이름을 붙인 것이 놀라워요. 그런데 이름을 붙이고 나서 그 이름을 어떻게 기억했나요? 매우 궁금해요! 할머니가 침팬지와 친해지기 위해 몇 주 동안 기다리고 있으셨잖아요. 그 후에 침팬지와 친해진 소감이 어떠신가요? 막 두근거리거나 엄청 기쁘거나 행복했나요? 자기 자신이 하는 일의 가치가 믿을 만한지는 어떻게 아나요? 저는 아직 그런 것을 잘 모르겠어서요. 다른 사람들은 1년 반 동안 헛수고를 했다고들 말해서요. 그럴 때 자기 자신을 다스리는 일이 쉬운 것이 아니니까요. 중간에 포기도 하고 싶어지고요. 궁금해요!

아이가 글을 가져오면 소중한 보물 다루듯 감사히 받고 꼼꼼하게 읽습니다. 그리고 잘 읽었다는 표시를 꼭 해줍니다. 말이든 글이든 가장 빨리 늘리는 비결은 관심입니다. 아이의 글에 말과 글로 관심을 드러내주세요.

혜민이의 글에서 노란색으로 칠한 문장은 정말 너무 멋지지 않나요? 내가 아는 게 무엇이고, 모르는 게 무엇인지 안다는 것이 정말 기특합니다. 이 글도 충분히 괜찮지만 마찬가지로 보기 좋게 바꿔줍니다. 아주 조금 다듬었을 뿐인데 읽기가 훨씬 편할 겁니다.

안녕하세요! 저 김혜민입니다. 제가 '제인 구달 할머니'라고 불러도 될까요? 지금까지 제가 살아오면서 만난 사람들 중에 '침팬지를 가장 좋아하고 아끼는 사람'은 할머니가 처음이었어요. 그것도 자그마치 50년씩이나 한결같이 말이죠. 저는 그것이 끈기가 강해야 할 수 있는 일이라고 생각해요. 그러나 저는 할머니처럼 끈기가 강하지 않아서 오래 생각하는 것을 싫어해요. 그래서 저는 할머니가 아주 대단하다고 생각해요.

또 침팬지를 만나고 보호해주기 위해서 연구 기금을 모은 것이 너무 대단했어요. 할머니는 매우 감상적이셔서 침팬지들에게 번호를 붙이지 않고 이름을 붙인 것이 놀라워요. 그런데 이름을 붙이고 나서 그 이름을 어떻게 기억했나요? 매우 궁금해요!

할머니가 침팬지와 친해지기 위해 숲속에서 몇 주 동안이나 기다리고 있으셨잖아요. 그 후 침팬지와 친해진 소감도 궁금해요. 막 두근거리거나 엄청 기쁘거나 행복했나요?

자기 자신이 하는 일의 가치가 믿을 만한지는 어떻게 아나요? 저는 아직 그런 것을 잘 모르겠어서요. 다른 사람들은 어떤 일에 1년 반 동안 헛수고를 했다고들 말해서요. 그럴 때 자기 자신을 다스리는 일이 쉬운 것이 아니니까요. 중간에 포기도 하고 싶어지고요. 포기하고 싶고 힘들 때 제인 구달 할머니께서는 어떤 생각을 하시면서 견디고 이겨내셨는지 궁금해요!

아이 글이 아무리 마음에 들지 않더라도 너무 많이 고치지 않아야 합니다. 여기서 부모의 문장 실력을 뽐내면 곤란합니다. 아무리 별로라도 아이가 온힘을 다해 쓴 글입니다. 눈에 띄는 부분만 가볍게 고쳐주고 나머지는 스스로 고치도록 유도해야 합니다.

다음은 괴물이 나오는 동화를 읽은 후 '상상해서 이야기 짓기' 과제를 냈더니 5학년 재준이가 써온 글입니다. 장난기 많은 아이답게 조금 색다른 결말을 내주었습니다.

제목: 괴물 돌

어느 날 돌이 마을에 3개 있었어요. 그런데 3개 중 1개의 돌은 번개에 맞아서 괴물 돌이 됐어요. 그리고 그 괴물 돌은 숲속으로 사라졌어요. 그러던 어느 날 어제 낳은 임신부의 아기들의 1명이 없어졌어요. (원래 3명). 그래서 사람들은 마을 회의를 했어요.

①의견: 그냥 아기를 찾지 말자.
②의견: 사라진 아기를 대찾자.(되찾자)
③의견: 괴물 돌과 싸워 이겨 아기도 찾고 평화를 다시 찾자!

사람들은 모두 ③ 의견의 말을 들었어요. 그래서 마을에 있는 병사는 괴물 돌과 싸우러 무기를 챙겼어요. 1년 뒤 군사들은 괴물 돌과 싸우러 떠났지만 돌아오지 않았어요. 왜냐하면 괴물 돌에게 당했기 때문입니다. ―끝

아이들은 곧잘 엉뚱한 상상을 하고 어이없이 끝내기도 합니다. 끝까지 이야기를 마무리하기엔 끌고 가는 힘이 달리거든요. 그럴 땐 아이가 힘을 낼 수 있도록 뒤에서 살짝 밀어주면 좋습니다. 그런 마음으로 제가 다듬은 글입니다.

제목: 괴물 돌

어느 마을에 돌이 3개 있었어요. 어느 날 3개 중 1개의 돌이 번개에 맞아서 괴물 돌이 되고 말았어요. 그 괴물 돌은 아무도 모르게 숲속으로 사라졌고요. 그런데 마을에 갓 태어난 아기 3명 중 1명도 사라졌어요. 마을 사람들은 모여서 아기를 어떻게 되찾을까 회의를 했어요.

한 사람은 그냥 아기를 찾지 말자고 했어요. 어떤 사람은 일단은 사라진 아기를 되찾자고 했지요. 또 다른 사람은 괴물들과 싸워

이겨서 아기도 찾고 평화도 찾자고 말했어요.

마을 사람들은 괴물 돌과 싸워 이겨 아기와 평화를 모두 찾자고 말한 사람의 말에 따르기로 했어요. 그래서 마을에 있는 병사들은 모두 괴물 돌과 싸우러 가기 위해 무기를 챙겼어요.

…

1년 뒤 군사들은 아무도 돌아오지 않았어요. 왜냐하면 군사들이 괴물 돌에게 당했기 때문입니다. -끝

이야기를 만들어내는 건 보통 어려운 일이 아닙니다. 한데 그런 어려운 일을 아이가 해냅니다. 이럴 땐 아이가 이야기를 계속 확장하도록 궁금해하고 관심을 보여야 합니다. 그럼 아이는 또 신이 나서 이야기를 풀어냅니다. 진짜 글쓰기의 즐거움이 시작되는 거죠.

가끔은 가족이 함께 릴레이로 이야기를 풀어나가도 좋습니다. 이야기가 산으로 가면 이야기 주인인 아이가 바로 잡아줄지도 모릅니다. 이런 과정을 여러 번 경험하면 아이의 상상력이 풍부해져서 더 재미있고 더 나은 이야기를 만들어내기 위해 열심히 머리를 굴리게 될 거예요. 생각만으로도 기대되지 않나요? 그렇게 마무리된 글을 살펴보겠습니다.

제목: 괴물 돌이 나타났다!

어느 마을 숲속에 각기 다른 모양의 커다란 돌이 3개 있었어요. 하나는 동그라미, 하나는 세모, 하나는 울퉁불퉁한 모습의 돌이었지요. 아이들은 그 돌 위에 올라가 놀기도 하고 잠도 자고, 출출할 땐 간식도 먹곤 했어요.

그러던 어느 날 울퉁불퉁한 모양의 돌이 번개에 맞아서 괴물 돌이 되고 말았어요. 공룡 같기도 하고 괴물 같기도 한 돌덩이가 마을을 돌아다니자 사람들은 겁에 질려서 모두 문을 잠그고 들어가서 나오지 않았지요.

어느 날 비가 오고 번개가 치던 밤 이후, 더 이상 괴물 돌은 보이지 않았어요. 사람들은 괴물 돌이 아무도 모르게 숲속으로 사라져 버렸다고 했어요.

몇 년 후, 사람들은 예전처럼 숲에 가서 놀기도 하고 아이들도 점점 자라가기 시작했어요. 그러던 어느 날이에요. 마을에 갓 태어난 아기 3명 중 1명이 사라졌어요. 아이의 엄마는 슬피 울고 모두들 함께 모여서 아기가 어떻게 되었을까 회의를 했지요.

누군가 말했어요. 괴물 돌이 아기를 데려갔다고 말이지요. 사람들은 모두 그 말이 맞다고 했어요. 마을 회의는 밤새도록 계속 이어졌어요.

한 사람은 그냥 아기를 찾지 말자고 했어요. 그리고 또 다른 사람은 아기를 찾고 평화도 다시 되찾자고 했지요. 그러자 다음 사람이 외쳤어요.

"우리 모두 아기도 찾고 마을의 평화도 되찾아옵시다! 다 함께 괴물 돌과 맞서 싸우러 갑시다!!!"

사람들은 모두 그 말에 따르기로 했어요. 그래서 마을에 있는 병사들은 모두 무기를 챙겨서 괴물 돌과 싸우기 위해 마을을 떠났지요.

병사들은 숲속을 샅샅이 뒤지다 비밀 동굴을 발견했어요. 그곳엔 또 다른 세상으로 향하는 문이 있었지요. 병사들은 그 문을 열고 들어갔어요. 그랬더니 그곳에는 마을 사람들의 미래 도시가 있었어요.

사라졌던 아기는 미래 도시에서 지도자가 되어 있었어요. 울퉁불퉁 괴물 돌은 더욱더 커져서 마을과 사람들을 지켜주고 있었어요. 병사들은 다시 마을로 돌아가서 이 사실을 알려줘야겠다고 생각했어요. 그리고 다시 현실의 세계로 돌아왔지요. 그런데 신기한 일이 일어났어요. 사람들의 기억이 모두 사라져버린 거예요. 현실로 되돌아온 병사들은 이곳이 어디인지, 어디로 가던 중이었는지도 모르고 서로의 얼굴만 빤히 바라보았답니다. 끝.

《강원국의 글쓰기》에는 '글은 기억과 상상으로 쓰는 것이기도 하다. 과거의 일은 기억하고, 미래의 일은 상상하면서 말이다.'라는 구절이 나옵니다. 기억은 과거에 있었던 일을 생각해내는 것이지만, 상상하려면 미래에 대해 생각해내고 만들어내는 창조력이 필요합니다. 생활 속에서 아이들이 상상력을 키울 수 있도록 이야기 짓기를 해보세요. 상상력은 물론 글쓰기 실력도 덤으로 늘 거예요.

이렇게 말하면 부모들은 궁금할 겁니다. '글쓰기 선생이니 매번 저렇게 글을 다듬어줄 수 있는 거겠지?' 아닙니다. 오히려 반대입니다. 저 정도로 다듬어줄 때도 있지만 가만히 두는 경우도 많고 대개는 누락된 이야기나 내용을 말해 아이 스스로 고치게 합니다. 스스로 고치기야말로 가장 빨리 글을 늘리는 비결입니다. 전체 흐름을 되짚어보며 고치도록 할 때도 있지만, 딱 한 문장만 고쳐보게 할 때도 있고, 딱 한 단어만 고쳐보게 할 때도 있습니다.

늘 말하지만 한 줄이라도 쓰면 잘한 것이고 한 글자라도 더 쓰고 더 고치면 훌륭한 겁니다. 오늘의 글쓰기는 과정일 뿐입니다. 더디게 가지만 멈추지 않으면 어쨌든 앞으로 나아갑니다. 어떻게 고쳐줘야 할지 도무지 모를 때는 마음을 바꿔서 어제보다 잘 쓴 부분을 칭찬해주세요(이것저것 맞춤법을 지적하는 것보다 백배는 낫습니다).

"어쩜 이 상황에 딱 맞는 ○○○ 같은 단어를 찾아 쓴 거야?"

"○○○ 같은 표현은 굉장히 신선하다. 나중에 나도 써봐야겠어."

"이런 의미로도 읽을 수 있구나, 뻔하지 않아서 더 좋은걸."

구체적으로 칭찬해주는 게 글을 고치게 하는 것보다 나을 수도 있습니다. 잘할 수 있고 편한 방법으로 피드백해주는 게 최고의 비결입니다.

문장 다듬기는 그렇다 치고 띄어쓰기와 맞춤법을 이대로 둬도 될까 염려하는 부모가 많습니다. 저학년이야 글 양 늘리기가 우선이니 넘어간다 해도 고학년 아이라면 조바심이 안 날 수가 없습니다. 당장 3학년만 돼도 국어는 물론 사회나 과학도 글을 써내야 하는 일이 많으니까요.

책을 꾸준히 읽혀 자연스럽게 익히도록 하는 게 좋지만 당장 너무 거슬린다면 최소한의 규칙 정도만 익히도록 지도하면 좋습니다. 몇 가지 팁을 알려드리겠습니다.

① 문장의 각 단어는 띄어 씀을 원칙으로 합니다. (한글맞춤법 총칙 제2항)

② 책을 소리 내어 읽는 연습을 합니다. 문장을 소리 내어 읽으면 글자를 의미 단위로 띄어 읽게 되므로 자연스럽게 띄어쓰기를 익힐 수 있어요. 이어서 읽는 대로 이어 쓰고, 끊어 읽는 대로 띄어쓰기만 해도 대부분 맞습니다.

③ 작은 수첩을 마련해서 자주 틀리는 단어를 적어도 좋습니다.

④ 책을 읽으면서 헷갈리는 글자는 표시해두어도 좋습니다.

⑤ 평소에 맞춤법이나 띄어쓰기 단어 카드를 만들어 OX 퀴즈로 맞추는 게임을 하면 도움이 됩니다.

05

충분히 생각하고
말한 다음 쓰면 달라집니다

글은 조금만 바꿔도 느낌이 많이 달라집니다. 불과 몇 달 전만 해도 글쓰기를 싫어하고 어려워하던 혜민이었지만 지금은 쓰는 것은 기본이요, 고치지 말라고 해도 고쳐옵니다. 당연히 처음에는 힘들고 하기 싫었을 겁니다. 그럼에도 한 번 고쳤더니 확실히 좋아 보이고, 하루하루 글쓰기 실력이 느는 걸 보면서 오늘에 이르렀습니다. 이렇게 되기까지 가장 큰 공을 세운 건 '생각하고 말하기'였습니다.

1단계: 쓸 내용을 충분히 생각하기

"오늘은 ○○에 대해 써볼까?" 말이 떨어지기 무섭게 일단 글을 쓰는 아이들이 있습니다. 일단 뭐라도 쓰고 보고, 쓰면서 생각하기로 한 아이들입니다. 처음에는 어느 아이라고 할 것도 없이 다 그렇습니다. 당장 어른들도 그런걸요.

아이가 글쓰기 수업에 적응했다 싶으면 권하는 방법이 있습니다. 쓰기 전에 눈을 감고 잠시 숨을 고르며 마음을 차분히 가라앉힌 후 글로 쓰고 싶은 부분을 따라가라고요. 내 생각이 어떻게 전개되는지 마음으로 느끼라고 말해줍니다. 공통 소재로 글을 쓰거나 같은 책을 읽고 난 다음에도 똑같이 적용해볼 수 있습니다.

'제가 읽은 책은 ○○○입니다. 저는 이 책을 읽고 나서 일단 △△△라고 생각했고 □□□ 느낌이 들었어요. 그렇게 생각한 이유는 ☆☆☆입니다.'

'책에서 가장 중요한 장면으로 꼽고 싶은 부분은 ○○○ 부분입니다. 이유는 △△△입니다.'

'제가 생각하건대, 이 책을 통해 알 수 있었던 건 ○○○입니다. △△△ 부분을 친구들과 이야기 나눠보고 싶습니다.'

2단계: 생각한 내용을 말로 나누기

무엇을 어떻게 쓸지 정한 아이들은 스르륵 눈을 뜹니다. 그럼 쓸 글과 관련해서 이야기를 나눠보자고 합니다. 서로 이야기를 나누면서 공통점, 유사점, 차이점, 특이점을 발견합니다. 집에서라면 부모나 형제자매가 함께 할 수 있겠지요. 이 과정을 거치면 내 생각과 표현이 정리되고 가다듬어집니다.

3단계: 단숨에 쭉 쓰기

글을 쓸 최소한의 재료가 갖춰진 셈이므로 공책에 적어보라고 합니다. 주의할 점이 하나 있는데 그건 바로 10분 이내로 쓰라고 하는 겁니다. 시간을 오래 주면 더 힘들어하고 더 못 씁니다. 단숨에 쓰자면 10분이 좋습니다. 마디마디 생각하고 끊어서 쓰면 매번 창작의 고통을 느껴야 합니다. 의식의 흐름대로 쓴 글이라야 물 흐르듯 읽히고 논리도 매끈합니다.

세상에는 좋은 글쓰기 방법이 무수히 많지만 아이들에게 맞는 방법은 따로 있습니다. 그중 하나가 '단숨에 쭉 쓰기'입니다. 20년 가까이 아이들과 함께하고 있지만 천천히 글감을 고심하고, 생각과 마음과 상황을 가장 잘 표현할 단어를 고르고, 한 문장을 쓸 때마다 더 나은 흐름이 없는지 고민하고 고치면서 글을 완성해나가는 아이는 보기 힘듭니다. 보통 아이들은 생각할 틈도 없이 쓰면서 떠오르는 생각을 아무렇게나 쭉 쓰고 펜을 딱 놓아버립니다.

처음에 아이들을 가르칠 때는 '조금만 더 신경 써서 써주면 오죽 좋을까' 싶어 아쉬웠습니다. 내가 이렇게 열심히 가르치는데 보람도 없이 평소 쓰던 대로 막 쓰는 것 같아 야속했습니다. 그런데 어느 날 아이들의 모습이 달리 보였습니다. 글은 서툴고 어설플지언정 그 글을 쓰는 순간만큼은 굉장히 집중해서 거침없이 써내고 있는 겁니다.

'빨리 해치우고 싶은 마음'과 '집중해서 거침없이 써내려가기'에 날개를 달아주기로 마음먹었습니다. 그래서 생각한 게 조금은 편안하고 재미있게 할 수 있는 '생각하기'와 '말하기'입니다.

글의 논리와 내용이 탄탄해지도록 기반을 쌓는 작업이지만 함께 할 수 있는 과정이라 아이들이 놀이처럼 받아들입니다. 온전히 혼자 해야 하는 '글쓰기'에 집중력을 몰아넣어 거침없이 쓰되 풍성하고 논리적인 글이 나오도록 부추기는 겁니다.

이렇게 방법을 바꿨더니 글쓰기가 '생각보다 재미있다'는 아이가 늘었습니다. 학원이 하나 늘어 심통이 났는데 막상 가보니 또래 친구도 있고 신나게 떠들 수 있어서 좋다고 합니다. 처음에는 한참을 떠들다 10분 동안 초집중해서 글을 쓰는 게 낯설고 힘들었지만, 지금은 쓰기도 덜 힘들고 쓴 글을 보고 있자면 그렇게 뿌듯할 수가 없다고 말합니다. "선생님, 저 이제 글 잘 쓰죠?"라며 허세를 부리다가도 "그래도 계속 더 열심히 쓸 거예요"라고 말하는 아이가 늘어갑니다.

조금 잘 쓰는 아이라면 어휘와 문장을 고심해서 써버릇하는 걸 연습시켜 보고 싶을 겁니다. 저 역시 시도해본 적이 있습니다. 사실 조금 기대했는데 오히려 문맥이 싹둑싹둑 잘리는 느낌으로 글이 나와 놀랐습니다. 아직 초등 아이라 그렇습니다. 중학생이라면 모를까 아직 초등 아이라면 생각 하나를 쭉 이어가면서 한 호흡으로 쭉 써 내려가는 연습이 효과적입니다. 잊지 말아주세요.

4단계: 고치기

남은 시간에 읽어보고 고치게 합니다. 다 고쳤다 싶으면 자기만들을 수 있을 만큼 작은 목소리로 음독하게 합니다. 이때 매끄럽게 읽혀야 제대로입니다. 거치적거리며 읽힌 부분이 있다면 다듬게 합니다. 끝으로, 돌아가며 큰소리로 쓴 글을 읽게 합니다. 모두 읽고 나면 상대 글에서 좋았던 부분이나 인상적이었던 부분을 이야기하게 합니다.

이 과정을 거치면 책 한 권을 읽고도 다양하고 풍성한 이야기를 깊게 나눌 수 있습니다. 사고 수준이나 유형이 비슷한 또래가 함께 수업을 해도 비슷한 듯 다른 이야기가 나옵니다. 비슷한 생각은 공감하며 좋아하고, 다른 생각은 관점을 바꿔가며 이해하려 애씁니다. 그렇게 생각과 표현을 늘리고 흡수합니다. 생각과 표현력은 주고받는 과정에서 가장 빨리 늡니다.

4단계를 정리하면 다음과 같습니다.

- 생각하고 말하기: ①충분히 생각하기 → ②생각한 걸 말로 내뱉기
- 쓰기와 수정하기: ③말한 걸 정리해 쓰기 → ④눈으로 읽고 수정하기 → 음독하고 수정하기
- 발표하고 의견 나누기: 발표하기 → 서로 쓴 글로 의견 나누기

단숨에 쓰기가 힘든 아이도 있습니다

머릿속으로는 매끄럽게 전개되었고, 대화를 나누면서 정리도 되었는데 막상 글을 써보니 막히는 경우는 흔합니다. 글로 써내면 매

끄럽지 않은 흐름이나 논리적 빈틈이 도드라지기 때문입니다. 글쓰기 순발력이 뛰어난 아이라면 재빠르게 빈틈을 메우고 흐름을 정돈하면서 글을 이어가지만 보통 아이들이 할 수 있는 일이 아닙니다.

보통 아이들은 빈틈을 발견하지 못하고, 발견했다 해도 일단 무시하고 넘어갑니다. 괜찮습니다. 어차피 다 쓴 글을 보면 쓰면서 보지 못한 빈틈이 더 잘 보이니 한꺼번에 메우고 고치고 정돈하는 게 훨씬 낫습니다. 끝까지 단숨에 쓰라고 하는 이유입니다.

간혹 빈틈을 발견하고는 한 발자국도 나아가지 못하는 아이가 있습니다. 글쓰기가 서툰 아이일수도 있지만 차근차근 생각하고 곱씹으면서 글을 써나가야 하는 아이일 수도 있습니다. 그런 아이라면 어떤 글을 쓰고 싶은지 단락을 나눠 계획을 세우고 써보자고 하면 좋습니다.

🔵TIP 책 표지 그리기

책을 읽고 난 후 생각이나 느낌을 말하게 할 때 질문으로 입을 열게 할 수도 있지만, 그림 그리기를 좋아하는 아이라면 그리기로 표현을 늘릴 수도 있습니다. 아이 입장에서는 부담 없이 그려볼 수 있고 가르치는 입장에서는 같은 책을 읽고도 달라지는 아이들의 다양한 생각과 느낌을 그림 한 장으로 알 수 있습니다. 게다가 이야기를 계속해서 이어가고 풀어가기가 즐거워집니다.

책 속 내용을 삽화처럼 그려도 좋고, 재미있는 장면을 마음껏 그려도 좋고, 책 표지를 다르게 그려봐도 좋습니다. 그리기는 생각을 표현하는 수단입니다. 매번 그리라는 게 아니라 이번에는 그림, 다음에는 글이 될 수 있도록 하면 좋습니다. 중요한 건 생각을 하게 하는 겁니다.

생각을 글로 바로 써내도 좋지만 초등 시기에는 글보다는 말이 수월하기에 말을 권하는 겁니다. 당연히 말이 어렵다면 그림도 괜찮다는 거고요. 아이가 받아들이는 것부터 하나하나 시작하면 됩니다.

다음 그림은 얼마 전 아이들이 그린 그림입니다. 아이들은 그림을 그리면서도 웃지만 친구들 그림을 보면서도 웃습니다. 자기가 그린 그림을 설명하기도 하고 친구가 그린 그림에 관심을 기울이기도 합니다. 우리가 나눈 세 장의 그림과 동화 이야기, 그림 장면과 웃음소리는 아이들에게 추억이 될 겁니다.

임찬희 초6

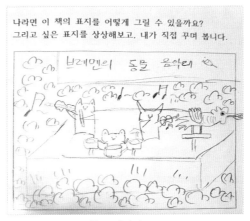

구예영 초6

임성찬 초6

책과 글쓰기에 대한 즐거웠던 경험은 소중한 글의 엔진이 됩니다.

책 표지는 책 전체의 주제와 내용을 나타내는 상징적인 장면입니다. 그런데 책 표지 그림으로 재미있었던 장면을 그릴 경우 아이마다 다른 장면을 그릴 확률이 높습니다. (물론 그 작업도 의미가 있고 좋은 표현 방법입니다.) 다만 글을 늘릴 용도로 책 표지 그리기를 하는 경우라면 아이가 책 내용을 어떻게 표지 장면으로 선정하고 표현할지를 좀 더 생각해내야 합니다. 즉, 글을 쓸 때 생각해야 하는 나만의 주제 의식, 생각, 느낌이 반영되어야 합니다. 그렇게 해야 글과 그림이 함께 늡니다.

책 표지 그리기는 엄마도 함께 해보면 좋고, 특히 그림을 일상적으로 그린 경험이 상대적으로 적은 아빠도 동참하면 좋아요. 아빠가 함께 하면 아이에게 색다른 즐거움과 영감을 줄 수 있습니다. '와, 내가 적어도 아빠보다는 잘 그릴 수 있을 것 같다!'라는 자신감을 준다면 그것으로 아빠의 역할은 충분합니다. 어린아이들은 엄마에게 잘 보이고 싶어 하고, 아빠를 이기는 것을 좋아합니다. 아이들을 위해 아빠의 '져줌'도 필요한 덕목이겠지요.

06

미운 말은
고쳐야 합니다

바른 말을 써야 바르게 자라고, 고운 말을 써야 고와지고, 아름다운 말을 써야 아름다워집니다. 아이들은 모두 귀엽고 사랑스럽지만 가끔 미운 말을 들으면 누구라도 속상합니다. 그런데 아이 말을 가만 들어보면 그게 미운 말인지 나쁜 말인지 모르고 하는 아이도 많습니다. 평소 친구나 부모들이 아무렇지 않게 하는 말이라 괜찮으려니 하고 내뱉는 겁니다.

"정말 어이상실이네. 너 하는 일이 다 그렇지 뭐!"

"야! 이걸 글이라고 썼냐? 지나가는 개가 웃겠다."

"얼씨구! 환장하겠네. 나 같으면 부끄러워서 고개도 못 들겠네."

"(고학년 수업에서) 야! 이 정도 글은 솔직히 1학년도 쓰는 거 아니냐?"

누가 한 말일까요? 안타깝게도 아이들이 친구들에게 던지는 말입니다. 조금만 편해져도 조금만 약해 보여도 장난으로 아무렇지도 않게 미운 말을 던집니다. 매번 주의를 주고 고치지만 단번에 고쳐질 리 없습니다. 오래도록 친구나 부모에게 들어온 말이니까요.

한 번은 아이에게 방금 한 말을 글로 적어보게 했습니다. 말은 장난으로 던질 수 있지만 글은 차마 장난으로 읽어지지 않습니다. 물론 글로 적고 읽으라고 해도 웃으며 읽는 아이가 있습니다. 여전히 뭐가 문제인지 모르는 경우입니다. 그럴 땐 집단의 힘이 중요합니다.

보통 이런 아이는 새로 온 친구입니다. 기존 아이들은 눈살을 찌푸리고 만류하고 주의를 줍니다. 웃던 아이도 모두가 아니라고 하면 뭐가 문제냐는 식으로 배짱을 부리지 못합니다. 아직 아이니까요.

미운 말을 던지면 그 말을 받은 친구가 어떤 기분이 들 것 같냐고 물어봅니다. 그 말을 받은 친구는 너를 어떻게 생각할 것 같냐고 물어봅니다. 주위에서 친구들은 너를 어떻게 바라볼 것 같냐고 물어봅니다. 그럼 아이들 대부분은 앞으로 미운 말을 쓰지 않겠다고 약속합니다. 그럼 그 말 대신 무슨 말을 쓰면 좋을지 한번 써보자고 합니다. 아이들과 함께 바꿀 말을 만들어봅니다.

"정말 어이상실이네. 너 하는 일이 다 그렇지 뭐!"

→ "이만큼 적느라 애썼네. 다음엔 한두 줄 정도 더 적어보자. 다

음번 글은 좀 더 생각을 풀어 쓸 수 있을 거야. "

"야! 이걸 글이라고 썼냐? 지나가는 개가 웃겠다."

→"글 쓰느라 수고했고, 시간 안에 쓴 것도 보람 있었을 거야. 이 부분 문장이 마음에 들어. 너만의 생각이 표현된 것 같아."

"얼씨구! 환장하겠네. 나 같으면 부끄러워서 고개도 못 들겠네."

→"와, 진짜 특별하다. 이렇게 쓴 학생은 네가 처음이야. 이 문장은 오늘 제일 인상 깊었던 부분이야. 우리 중에 한 명도 생각하지 못했거든. 얘들아, 다 같이 박수! (칭찬거리를 어떻게든 만들어서 표현해줍니다. 하다못해 어떤 단어의 글씨가 예쁘다는 칭찬이라도 해줍니다.)"

"(고학년 수업에서) 야! 이 정도 글은 솔직히 1학년도 쓰는 거 아냐?"

→"이 글은 내용은 짧지만, 너만의 생각이 담겨있어서 참 좋아. 다음번에는 한두 줄 정도 더 적어보자. 이만큼 쓴 거 보니 서너 줄도 거뜬히 쓸 수 있겠어."

아이가 거친 말을 하면 감정적으로 대응하지 말고 고운 말로 표현을 바꿔주면 어떨까요? 부모는 아이를 더 잘 아니까 훨씬 더 잘할 수 있을 거예요. 물론 그 전에 부모가 비교하고 평가하고 비아냥대는 말을 하지 말아야겠지요.

07

잘 읽는 아이가
잘 씁니다

1~2학년 아이를 상담할 때 가장 먼저 하는 게 있습니다. 바로 그림책 낭독입니다. 받아쓰기도 아니고 글쓰기도 아니고 웬 낭독이냐 싶을 겁니다. 맞습니다. 1~2학년이면 한글을 못 읽는 아이는 없습니다. 그래도 꼭 책 읽는 소리를 들어봐야 합니다. 읽는 걸 보면 읽기 수준을 바로 알 수 있거든요. 이규희 작가가 쓰고 윤정주 작가가 그린 《부엌 할머니》를 읽어보게 했습니다.

그러는 사이 봄이 할멈이 차츰 살림을 도맡게 되었어. 명절이나 제삿날이면 집안 여자들을 데리고, 고기 삶으랴 전 부치랴 눈코 뜰 새 없이 바빴지.

글자를 읽는 데 급급한 아이는 기계음처럼 읽습니다. 그나마 한글을 잘 아는 경우입니다. 이 정도도 읽지 못해 한 줄 읽고 더 이상 읽지 않는 아이도 있습니다.

"그ˇ러는사이ˇ봄이ˇ할ˇ멈이ˇ차츰ˇ살ˇ림을ˇ도ˇ맡게 되ˇ었어ˇ명ˇ절이ˇ나ˇ제ˇ삿ˇ날이ˇ면ˇ집ˇ안여자ˇ들을데ˇ리고ˇ고ˇ기ˇ삶ˇ으랴전ˇ부치랴ˇ눈코ˇ뜰새ˇ없이 바ˇ빴ˇ지."

의미를 파악하며 읽는 아이는 다음과 같이 읽습니다. 숨 쉬듯 편하고 느긋하게 읽어나갑니다. 천천히 읽어도 의미를 살려 읽어 리듬감이 생깁니다.

"그러는 사이ˇ봄이 할멈이ˇ차츰ˇ살림을 도맡게 되었어.ˇ 명절이나 제삿날이면ˇ집안 여자들을 데리고ˇ고기 삶으랴ˇ전부 치랴ˇ눈 코 뜰 새 없이ˇ바빴지."

같은 2학년이라도 글자 읽는 데 급급한 아이라면 수준을 좀 더 낮추고 글쓰기는 조금 미룹니다. 독후 활동은 질문과 말하기로 유도하는 편입니다. 의미를 파악하며 잘 읽는 아이라면 조금 수준을 올려 책을 읽게 하고 독후 활동으로도 글쓰기를 진행할 수 있습니다.

둘째 아이가 여섯 살이었을 때 한글을 제대로 아는지 몰라서 한 번 읽어보게 한 적이 있었어요. 떠듬떠듬 읽었지만 아이의 한글 교육에 대해 어느 정도 마음을 놓았던 이유는 아이가 책 읽는 방법을 확인했기 때문이었어요. 아이에게 브라이언 트레이시가 쓴《백만불짜리 습관》에 나오는 글을 읽어보게 했어요.

에너지 이익률을 높이기 위해 일의 우선순위를 정하려면 매일 일을 시작하기 전에 당신의 모든 일에 abcde 방식을 적용하라. 이 방식을 사용하면서 특정한 일을 하거나 하지 않을 때 발생할 결과나 영향을 숙고하는 습관을 익혀라. 중대한 결과가 예상된다면 우선순위가 높은 일이다.

여섯 살 아이가 읽기에는 어려운 단어가 나오지만, 떠듬떠듬 읽긴 해도 의미가 이해되도록 띄어쓰기와 글맥에 맞게 읽는 모습을 보았어요. 띄어 읽기만 해도 의미가 전달되지만, 띄어 읽기뿐 아니라 '이어서 읽기' 부분도 눈여겨봐야 합니다. 이렇게 말이죠.

"에너지 이익률을 높이기 위해˘ 일의 우선순위를 정하려면˘ 매일 일을 시작하기 전에˘ 당신의 모든 일에˘ abcde 방식을 적용하라."

몇 가지 예를 더 들어보겠습니다. 부모님도 아이와 함께 읽어보세요. 신기하게도 처음 보는 낯선 낱말 앞에서 아이가 멈칫하는 게 느껴질 겁니다. 그건 어른도 마찬가지지요. 멈칫하는 횟수가 읽기 수준입니다.

기상천외한 머리 모양에다 물음표처럼 생긴 눈하며, 모두들 너무 멍청해서 늘 히히거렸다. 나는 그들을 바라보면서 로자 아줌마를 생각했다. 로자 아줌마가 광대였다면 참 우스웠을 텐데, 광대가 아니라서 무척 아쉬웠다.

- 로맹 가리 《자기 앞의 생》 중에서

최고의 학교와 교육기관들이 새로이 등장한 고숙련직에 필요한 핵심 기술들을 가르치지 못하고 있다. 고등교육은 전통적으로 마음을 정련하고 인성을 함양하는 일이었지만 이런 고귀한 목표들은 졸업생들이 직면하게 되는 경제적 현실과 괴리를 일으키고 있다.

- 스콧 영 《울트라러닝》 중에서

문맥에 따라 이어 읽기뿐 아니라 글맛을 살려 읽는지도 귀 기울여보세요. 글맛을 살려 읽을 줄 아는 아이들은 내용도 재미있게 흡수하고 즐길 줄 압니다.

불가사리는 홱홱 달렸어. 두 번째 고개를 넘는데 벌써 배가 고프지 뭐야. 어느 집 헛간 앞에 놓아둔 괭이가 불가사리 눈에 쏙 들어오네. 불가사리는 냉큼 괭이를 집어 나무 자루만 쏙 빼놓고 다 먹었어. 옆에 있던 쇠스랑이랑 도끼도 우적우적 씹어 먹었지. 이제 불가사리는 삽살개보다 더 커졌어.

- 국어 2학년 2학기 교과서에 수록된 〈쇠붙이를 먹는 불가사리〉 중에서

글맛을 살리려면 어느 부분을 강조해야 할까요? 노랗게 칠한 글씨를 살려서 읽어보세요.

"불가사리는 **홱홱** 달렸어. 두 번째 고개를 넘는데 **벌써** 배가 고프지 뭐야. 어느 집 헛간 앞에 놓아둔 괭이가 불가사리 눈에 **쏙** 들어오네. 불가사리는 **냉큼** 괭이를 집어 나무 자루만 **쏙** 빼놓고 **다** 먹었

어. 옆에 있던 쇠스랑이랑 도끼도 우적우적 씹어 먹었지. 이제 불가사리는 삽살개보다 더 커졌어."

아이가 글맛을 살려 읽는다면 이야기가 훨씬 실감나고 재미가 생깁니다. 부모 역시 글을 읽어줄 때 글맛을 살려 읽어주면 아이는 움직이는 그림을 보듯이 머릿속으로 상상하며 듣게 될 겁니다.

책을 읽을 때 아이들은 아는 단어가 나오면 좋아하고, 모르는 단어가 나오면 멈칫멈칫합니다. 이때 어떤 '감'으로 문장을 끝까지 읽어나가는지 아이의 호흡과 표정을 주목해주세요. 의미가 전달되게끔 이어 읽는 게 중요합니다. 초등 고학년인데도 이어 읽기가 잘되지 않는 아이들이 많습니다.

책을 많이 읽은 아이들은 띄어 읽기와 이어 읽기를 능숙하게 합니다. 아이가 책을 스스로 읽을 수 있을 때가 되면 문맥에 맞게 매끄럽게 잘 읽어내는지 유심히 챙겨보세요. 글 읽는 실력이 확실히 늘어나야 하는 시점에 중요한 포인트가 됩니다. 글자를 읽느냐, 글을 읽느냐의 차이로 나뉘는 때이기도 하거든요.

우리의 뇌는 책을 읽는 동안 글을 의미 단위로 이해하고 받아들이기 때문에 아이도 책을 통해 자연스럽게 의미를 터득하게 됩니다. 어휘의 느낌으로 문맥을 이해하면서 읽는 것이 필요합니다. 책을 읽을 때마다 늘 사전을 찾아가며 읽을 수는 없으니까요. 그럴 필요도 없고요.

아이들이 책을 읽기 싫어하는 이유는 너무 어려서부터 혼자서 글자를 읽기 때문입니다. 게다가 글자를 읽어봤자 의미도 모르고 재미가 없기 때문입니다. 아이가 의미를 읽지 못하고 글자를 읽는다면 부모는 아이를 붙잡고 최대한 책을 많이 읽어줘야 합니다.

부모 입에서 나오는 '오디오'를 들으면서 아이는 머릿속으로 책 내용에 대한 '비디오'를 그리고 글자의 의미를 이해해나가기 시작해요. 그러다 보면 점점 책이 재미있어지고, 혼자 읽을 때에도 상상력과 표현력, 창의력이 길러지는 자동 순환 모드가 작동합니다. 그럴 때 혼자 책을 읽도록 내버려두기도 하고 칭찬도 해가면서 계속 책을 읽을 수 있게 지도해주어야 해요.

그러면서 서서히 '읽기 독립'이 이루어집니다. 읽기 독립이 이루어지기 전에 아이가 혼자서 책을 잘 본다고 마음을 놔버리면, 아이는 부모 손에 이끌려 독서논술 학원을 찾아가게 되어 있어요. 쉽게 할 수 있는 일이 점점 더 어려워지는 것이지요. 실제로 이해력, 독해력, 논리력, 사고력, 표현력, 창의력, 집중력이 부족하고 분산된 채로 학원을 찾는 경우가 많습니다.

이런 아이들은 주 1~2회 수업으로 단기간에 독서력을 끌어올리기가 쉽지 않아요. 그래서 가능한 집에서 꾸준히 책을 읽도록 만들어주어야 합니다. 부득이한 이유로 외출하기 어려운 상황이라면 더욱 집 안에서 책을 많이 읽게 해야 하지요.

특히 방학은 독서하기에 아주 좋은 기회입니다. 한 번쯤은 책에 파묻혀서 시간 가는 줄 모르고 읽는 경험이 필요합니다. 그래야 독서의 즐거움을 알게 되고, 그 즐거움을 몸이 기억합니다.

이쯤에서 잠깐! 부모님들이 책을 읽어줄 때 주의할 사항을 몇 가지 짚고 가겠습니다.

① 부모님들이 책을 읽어줄 때 매우 빠르게 읽는 걸 자주 봅니다. 아이들이 들으며 상상하고 이해하고 생각하고 느낄 수 있도록 조금 천천히 읽어주길 권합니다.

② 구연동화를 하듯 읽어주는 분도 있습니다. 그렇게 읽으면 두세 권만 읽어도 힘이 빠집니다. 굳이 그렇게 할 일이 아닙니다. 오히려 자극적인 소리와 말투가 듣기를 방해할 수도 있습니다. 편안하고 느긋하게 읽어주되 글맛만 살려주세요. 어린이 책은 구어체 형식이 많고 의성어나 의태어 표현이 많아 그냥 읽어도 리듬감과 생동감이 전해집니다. 그러니 무리하지 마세요.

③ 모든 책에 감상이 필요한 건 아닙니다. 읽어주는 시간, 함께 읽는 시간만으로도 충분할 때가 많습니다. 궁금한 이야기나 감상을 자연스럽게 이야기할 수 있으면 좋습니다. 하지만 매번 평가하듯 확인하는 건 피해야 합니다. 독서를 하고 꼭 뭔가를 확인하는 습관은 버려야 합니다.

④ 평소에 도서관과 서점을 자주 가서 책을 빌리고 사오길 권합니다. 아이들은 "책읽기가 싫다"라고 말하지만 또 어떤 때는 "우리 집에는 책이 너무 없어요"라고 말합니다. "온 집 안에 책이 가득인데 무슨 책이 없다는 거야?"라고 말하고 싶을 겁니다. 그러면 아이들은 "읽을 책이 없다고요. 하나도 없어요. 어릴 때부터 봤고 다 동생 거잖아요"라고 말합니다. 그럴 땐 쿨하게 서점으로 데리고 가는 겁니

다. "자, 여기서 맘껏 봐. 그리고 보고 싶은 책이 있다면 사 가자"라고 말해주세요.

한 번씩 인터넷 서점을 돌아보면서 어떤 책이 좋은지 골라보게 해도 좋습니다. 요즘은 책을 일일이 꺼내 보는 게 눈치가 보이는 서점도 있고, 비닐로 꼼꼼히 포장된 책이 제법 많더라고요. 차선책으로 인터넷 서점을 이용해서 미리보기 기능을 활용하거나 책 소개를 살펴본다면 간접 독서도 되고, 나름 알게 되는 것들도 있기 마련입니다.

단, 만화책은 권하지 않습니다. 학교 도서관에서 알아서 보고 빌려 오기 때문입니다. 아이가 너무 사고 싶다고 하면 이야기책 몇 권당 1권 하는 식으로 줄이거나 아이 용돈으로 사게 하면 됩니다. 만화책은 읽는 걸 막을 일도 아니지만 권할 일도 아니라는 말입니다.

시작해보세요

아이들이 어릴수록 '동화 작가'라는 직업은 부러움을 받습니다. 그림책을 주로 읽는 미취학 아이들이나 저학년 아이들에게 동화책을 짓는 엄마의 직업은 멋지게 다가오고 근사해 보이기 마련이겠죠. 그리고 학교에 가서 엄마의 직업에 대해 친구들 앞에서 소개할 일이라도 생기면, 아이는 학교생활에 자신감도 얻을 수 있고요.

모든 부모가 내 아이에게만큼은 '동화 작가'가 되어주면 좋겠습니다. 어떤 부모든 아이에게는 누구보다 훌륭한 작가입니다. 잠자리에 들기 전에 책을 읽어줘도 좋지만 불을 끄고 누워 옛날이야기를 마음대로 각색해서 들려주면 어떨까요? 가끔은 아이 어렸을 적 이야기나 부모 어렸을 적 이야기를 들려줘도 좋습니다.

아이들이 유난히 좋아하고 즐거워하는 이야기가 있는데 그건 바로 아이가 기억하지 못하는 자신의 이야기입니다. 아이가 배 속에 있었을 때 부모가 겪었던 이야기, 출산 이야기, 울고 기고 앉고 서는 이야기일 뿐인데도 굉장히 좋아합니다. 이런 이야기는 오직 부모만 해줄 수 있는 이야기입니다. 어쩌면 그래서 부모야말로 가장 훌륭한 이야기꾼일지 모릅니다.

'사서 선생님'이나 '책 읽어주기 선생님'도 좋아요. 아이가 초등학교에 들어가면 부모도 다양한 학교 활동에 참여합니다. '도서관 도우미'는 일 년에 많아야 두세 번이라 워킹맘도 참여해볼 만합니다. 부모가 도서관에서 봉사를 하면 아이가 도서관을 훨씬 친근하게 받아들입니다. 조용한 놀이터로 받아들이도록 하면 더할 나위 없이 좋습니다. 공공 도서관에서 할 수 있는 '책 읽어주기 봉사'도 추천합니다. 공공 도서관에서 봉사할 때는 아이를 참여시켜도 좋고, 참여하기 힘든 나이라면 옆에서 책을 읽으며 기다리게 해도 좋습니다. 봉사 횟수가 늘수록 아이는 도서관을 편하게 여깁니다.

아이들을 작가로 만들어주는 '출판사 대표'도 좋습니다. 평소 아이 일기나 그림 또는 글을 모아서 책으로 만들어주세요. 잘 모아서 제본만 해줘도 충분합니다. 스캔을 하거나 편집한 후 디자인까지 해주면 더 좋지만 그러려면 손이 너무 많이 갑니다. 손이 덜 가야 계속

할 수 있습니다. 그러니 제본 정도로도 충분하고 그마저도 번거롭다면 클리어 파일에 잘 정리한 다음 표지만 만들어줘도 좋습니다.

이것저것 다 해주고 싶지만 쉽지 않습니다. 그렇다면 욕심 다 버리고 딱 하나 '대화 상대'가 돼주세요. 아이와 대화하는 게 힘들다는 부모가 많습니다. 혹시 내가 대화를 주도하고 이끌어야 한다는 압박을 느꼈기 때문 아닐까요? 일부러 시간을 내서 아이 이야기를 들어주는 것만으로도 충분할 때가 있습니다. 굳이 답을 해주기보다는 중간중간 맞장구를 쳐주는 게 나을 때도 많습니다. 좋은 일이건 나쁜 일이건, 재미있는 일이건 시시한 일이건 아무 이야기나 털어놓을 수 있는 상대가 되어주는 게 최우선입니다.

08

'나'를 써야
너와 우리도 씁니다

오늘 나는 ○○○와 □□□에서 ◇◇◇를 했다. …중략… 참
재미있었다.

나는 오늘 ○○○와 □□□에 가서 ☆☆☆을 먹었다. …중
략… 정말 맛있었다.

나는 오늘 엄마랑 아빠랑 □□□에 갔다. 참 즐거웠다. …중
략… 다음에 또 가면 좋겠다.

나는 오늘 □□□에서 ◇◇◇를 하였다. …중략… 참 즐거웠다.

아이들 일기장을 펼치면 열에 아홉은 이렇게 씁니다. 부모님들은 "일기는 너에게 오늘 일어난 일을 쓰는 거라 굳이 '나는 오늘'을 쓸 필요가 없어"라고 여러 번 이야기하는데 아이들은 여간해선 '나는 오늘'을 빼지 않습니다.

이쯤 되면 부모 눈에 '나는 오늘'이 넘어야 할 산으로 보입니다. 저 산을 넘어야 '누구랑 어디에서 뭘 먹고 뭘 해서'라는 뻔한 레퍼토리에서 벗어날 수 있고, 저 산을 넘어야 '즐거웠다', '재미있었다'로 짧게 끝나는 느낌을 조금 다르고 길게 늘릴 수 있을 것만 같습니다. 매번 복사해서 붙여 넣은 듯한 아이 일기의 모든 원인이 '나는 오늘'로 여겨집니다. 그러니 어떻게 해서라도 '나는 오늘'을 없애보자고 아이를 구슬리지만 아이는 끄떡 않고 오늘도 '나는 오늘'로 일기를 시작합니다.

왜일까요? 아이들에게 '나는 오늘'은 일기를 부르는 주문이기 때문입니다. '나는 오늘'을 써야 나에게 오늘 일어난 일이 머릿속에 차오릅니다. '나는 오늘'을 써야 누구랑 어디서 뭘 하고 뭘 먹었는지 줄줄이 사탕처럼 엮여 나오면서 한 줄이 시작됩니다. 어떤 날은 간 곳을 길게 늘여 쓰고, 어떤 날은 먹은 음식을 길게 늘여 쓰고, 어떤 날은 친구와 한 놀이를 길게 늘여 씁니다. 그렇게 적당히 쓰고는 '재미있었다'로 마무리합니다.

부모가 보기엔 뻔하고 지루하고 똑같아 보이는 글이라도 아이에게는 신나고 소중하고 즐겁고 특별한 시간입니다. 그러니 '나는 오늘'을 계속 쓰더라도 지켜봐주세요. '나'는 오늘 뭘 했는지, '나'는 어디를 가면 편하고 어디를 가면 불편한지, '나'는 뭘 먹고 뭘 하며 노는지를 물리게 쓰다 보면, '나'는 누구랑 노는 게 좋은지, '나'는 뭘 잘하고 뭘 못하는지, '나'는 뭘 좋아하고 뭘 싫어하는지, '나'는 무엇이 되고 싶은지, '나'는 어떨 때 기분이 좋고 어떨 때 안 좋은지로 넓혀갑니다.

나와 내 일상을 충분히 먹고 뜯고 맛보고 즐기도록 지켜봐주세요. 나를 제대로 알아야 타인과 세상도 똑바로 알아갈 수 있습니다. 내 감정을 정확하게 바라볼 수 있어야 타인의 감정도 세밀하게 들여다볼 수 있습니다. 그게 먼저입니다. 그렇게 '나는 오늘'을 물리도록 쓰면 어느 순간 가족도 보이고 친구도 보이고 선생님도 보이고 경비 아저씨도 보이고 나랑 아무 상관없어 보이는 세상 사람들이 보이기 시작합니다. 내 마음을 알아야 타인의 마음이 이해되고, 내가 똑바로 일어서야 주위를 둘러볼 여유가 생깁니다.

시작해보세요

《강원국의 글쓰기》를 읽다 다음 문장을 발견했습니다.

'나는'이라는 단어로 시작했으면 여기에 맞는 그다음 단어를 연결해서 쓰고, 그렇게 해서 한 문장이 만들어졌으면, 그 문장에 맞는 다음 문장이 나와야 한다. 연결이 자연스러워야 잘 쓴 글이다. 술술 읽히지 않으면 연결이 매끄럽지 못한 것이다.

이 글을 읽으면서 뭐라고 써야 할지 모르는 아이들에게 적용해 보고 싶어졌습니다. 부모님도 한번 따라 해보세요.

① 뭘 써야 할지 모르겠다고 하면 일단 '나는'을 쓰자고 합니다.
　예 나는

② 오늘 일어난 일 중 아무 일이나 써보자고 합니다.
　예 나는 오늘 친구들과 라면을 먹었다.

③ 첫 문장을 소리 내 읽고 그때 상황을 조금 구체적으로 써보자고 합니다.
　예 약간 매웠지만 우유와 함께 먹으니 뜨거운 혀를 달랠 수 있었다.

④ 그때 들었던 생각이 있다면 써보자고 합니다.
　예 조금 덜 매우면 좋겠다고 생각했다.

⑤ ④에서 쓴 문장에 자연스럽게 이어지도록 다음 문장을 써보자고 합니다.
　예 지난번에 먹었던 라면은 오늘보다는 덜 매웠다.

⑥ 다 쓴 글을 소리 내 읽어보고, 술술 읽히지 않는 부분을 수정하자고 합니다. 이때 쓴 글을 고치고 다듬는 아이도 있지만 아래 예처럼 글을 더하는 아이도 꽤 많습니다. 읽으면서 다음 글이 생각나기 때문입니다.
　예 나는 오늘 친구들과 라면을 먹었다. 약간 매웠지만 우유와 함께 먹으니 뜨거운 혀를 달랠 수 있었다. 그래도 조금만

덜 매우면 좋겠다고 생각했다. 지난번에 먹었던 라면은 오늘보다는 덜 매웠다. 우유를 먹었더니 배가 불렀다. 다음엔 약간만 덜 매운 라면을 먹으면서 김치도 맛있게 먹어야겠다. 매운 라면은 먹을 때는 힘들지만, 먹고 나면 내가 이렇게 매운 것도 먹어봤구나 하는 생각이 든다.

⑦ 마지막으로 한 번만 더 읽고 추가/수정/삭제할 곳이 있으면 다듬자고 합니다.

예 나는 오늘 친구들과 라면을 먹었다. 약간 매웠지만 중간중간 우유를 마시니 뜨거운 혀를 달랠 수 있었다. 그래도 조금 덜 매웠으면 싶었다. 지난번에 먹은 라면은 오늘보다는 덜 매워서 괜찮았는데 말이다. 우유를 먹었더니 배가 불렀다. 다음엔 조금 덜 매운 라면을 주문해 김치도 함께 먹어봐야겠다. 매운 라면은 먹을 때는 힘들지만, 먹고 나면 내가 이렇게 매운 것도 먹어봤구나 싶어 뿌듯하다. 엄마는 건강을 생각해서 매운 음식보다는 싱겁고 몸에 좋은 음식을 골고루 먹는 게 좋다고 하신다. 그래도 한 번씩은 매운 음식도 먹고 싶을 때가 있다고도 했다. 어른들은 매운 음식을 잘 먹는 것 같다. 나도 어른이 되면 그럴 것 같다.

⑧ 글이 완성되면 제목을 짓고, 날짜와 시간을 기록하자고 합니다.

제목: 매운 라면을 먹은 날

2021년 5월 13일 목요일

나는 오늘 친구들과 라면을 먹었다. 약간 매웠지만 중간중간 우유를 마시니 뜨거운 혀를 달랠 수 있었다. 그래도 조금 덜 매웠으면 싶었다. 지난번에 먹은 라면은 오늘보다는 덜 매워서 괜찮았는데 말이다. 우유를 먹었더니 배가 불렀다. 다음엔 조금 덜 매운 라면을 주문해 김치도 함께 먹어봐야겠다. 매운 라면은 먹을 때는 힘들지만, 먹고 나면 내가 이렇게 매운 것도 먹어봤구나 싶어 뿌듯하다. 엄마는 건강을 생각해서 매운 음식보다는 싱겁고 몸에 좋은 음식을 골고루 먹는 게 좋다고 하신다. 그래도 한 번씩은 매운 음식도 먹고 싶을 때가 있다고도 했다. 어른들은 매운 음식을 잘 먹는 것 같다. 나도 어른이 되면 그럴 것 같다.

내 이야기라도 나와 함께한 누군가에 대한 이야기가 곁들여지면 이야기가 훨씬 풍부해집니다. 그 속에서 내가 느낀 생각과 감정을 떠올리기 쉽고 글로 나타나기 때문이지요. 그래서 언제나 '나'로부터 시작하는 것이 글쓰기를 시작할 때 유리합니다.

09

'오늘'을 써야
어제와 내일도 씁니다

'나'를 충분히 써야 '너'와 '우리'를 쓸 수 있듯, '오늘'을 충분히 써야 '어제'를 되돌아보고 '내일'을 내다볼 수 있습니다. '오늘'을 충분히 쓴다는 건 어떤 걸까요? 아이가 쓴 글을 살펴보겠습니다.

2016년 1월 20일 수요일

야호! 정말 신나요! 왜냐면요, 외할머니 댁에 가는 날이거든요!

외할머니 댁은 정말 좋아요. 부산도 좋아요. 부산에는 내가 정말 좋아하는 공원인 '충렬사'가 있어요. '충렬사' 하면 떠오르는 것이 무엇이냐고요? '물고기 밥 주기!' 정말 신나요! 야호!

아이는 '오늘 외할머니 댁에 가는' 모양입니다. 무엇보다 오늘 일어난 일이 아이에게 어떤 의미인지 감정이 잘 드러나 있습니다. '정말 신나요!' 같은 직접적인 표현에서도 감정이 전해지지만 5개나 보이는 느낌표며 '야호' 같은 감탄사 덕분에 아이 표정이 절로 그려지지요.

아이들은 무언가 자랑하는 걸 굉장히 좋아합니다. 그래서일까요? 일기에서도 누군가에게 자랑하고 싶은 마음이 고스란히 등장합니다. 자기가 질문하고 자기가 답하는 자문자답형 문장입니다. 자문자답 속에 기대와 설렘이 전해집니다. 이렇게 일기 속에는 오늘 일어난 일로 시작해서 그 일로 벌어질 오늘의 감정이 더해집니다.

이렇게 사건에 감정이 더해지면 비로소 진짜 일기장이 됩니다. 단순한 사건 기록을 넘어 쓰다 보면 그 속에 감정과 느낌, 자신의 생각과 계획, 판단과 반성, 의지와 가치가 담기기 시작합니다.

그렇게 충분히 오늘을 쓰고 나면 그때서야 비로소 어제의 자신을 돌아보며, 미래의 자신을 상상하곤 합니다. 오늘은 외할머니 집에 가서 좋았다면, 어제는 외할머니 집에 간다는 기대감으로 잠을 설치기도 했겠지요. 내일은 오늘의 즐거움을 안고 다음에 또 외할머니 집에 가고 싶다는 바람과 함께 그때는 뭘 하고 어딜 갈지 계획하는 글도 쓸 수 있겠지요.

오늘의 감정, 오늘의 글을 기준으로 아이는 시간의 변화와 감정의 흐름도 자연스럽게 느끼게 됩니다. 그래서 '오늘' 일어난 일을 쓰고, '오늘'의 생각을 적고, '오늘'을 기억하는 것이 글쓰기의 중요한 시작점이 됩니다.

시작해보세요

'오늘' 있었던 일을 다섯 가지 적습니다

아이들은 "오늘 학교에서 즐거웠던 일을 한 가지만 이야기해줄래?"라고 하면 잘 말하지 못합니다. 한 가지로 제한하면 상대가 뭔가 굉장히 특별한 걸 기대한다고 여기기 때문입니다. 특별할 게 없는 날이 많은데 한 가지를 꼽으려 하니 뭔가 어렵게 여겨지는 것 같습니다. 그렇다고 다 말하라고 하면 한정 없으니 다섯 가지 정도로 제한해주면 별 거 아닌 일도 이것저것 떠올리며 말을 합니다. 부담 없이 이것저것 떠올려보면서 생각하게 하는 게 중요합니다.

예 오늘 숙제가 밀려서 엄마에게 혼이 났다.

학교 갔다 와서 배가 고파 냉장고를 열었더니 먹을 게 없었다.

엄마가 치과에 가자고 해서 겁이 나서 울었다.

미술 학원은 정말 즐거운 곳이다. 매일 가면 좋겠다.

친구 집에는 이상하게 장난감이 많다. 우리 집엔 없는 게 많다.

한 가지를 선택하고 그때 어떤 마음이 들었는지 씁니다

'오늘' 있었던 일을 곱씹으며 다섯 가지를 풀어내면, 그중 한 가지를 골라보자고 합니다. 별거 아닌 주제라도 직접 고르면 애정이 생깁니다. 그래서인지 더 수월하게 정성을 들여 쓰곤 합니다. 고른 일을 구체적으로 써보자고 해도 좋지만 그때 어떤 기분이 들었는지를 이어 쓰라고 하면 아이들은 더 잘 씁니다.

예 오늘 숙제가 밀려서 엄마에게 혼이 났다. 혼나면서 생각했다. 숙제가 없었으면 좋겠다. 엄마도 숙제 밀린 적이 있다고 했으면서! 나도 엄마가 되면 숙제를 밀리지 말라고 얘기할 것이다. 그래도 숙제 밀려서 선생님한테 혼나는 것보다는 낫다.

기쁘고 즐거울 땐 절로 말이 나오고 여기저기 떠들고 싶어집니다. 반대로 화가 나고 속상하고 우울할 땐 절로 입이 다물어집니다. 그럴 때는 글로 푸는 게 제격입니다. 글로 풀어내면 스르륵 마음이 풀릴 때가 많고 속 시원하게 정리되기도 합니다.

'오늘의 날씨'처럼 '오늘의 사건'과 '오늘의 생각'과 '오늘의 마음'을 쓰게 하고, 그중 하나를 골라 쓰라고 해도 아이들은 재미있어합니다. 물론 애써 골라도 세 가지를 모두 버무려 쓰는 아이들이지만요.

10

'집'부터 써야
학교와 사회도 씁니다

초등학교 고학년 아이라도 가장 오래 머무는 장소는 역시 집입니다. 가장 편하게 여기는 장소다 보니 글쓰기 소재도 집에서 찾으면 쉽고 편하게 써냅니다. 어른들은 '집' 하면 '아파트'나 '주택' 같은 큰 공간을 이야기하는데, 아이들은 '집' 하면 집 안에서 보이는 사람과 물건을 이야기합니다. 집이라는 공간에 머무르는 것들을 이야기하는 겁니다.

그래서인지 '집'을 글쓰기 소재로 삼으면 이야기가 넘쳐납니다. 가장 많이 쓰는 건 역시 사랑하는 가족과 소중히 여기는 물건입니다.

다음은 2학년 아이가 쓴 '우리 엄마' 이야기입니다.

우리 엄마

제가 소개하려는 사람은 우리 엄마입니다. 우리 엄마는 상상하는 요리를 집에 있는 음식들로 맛있게 만들어 냅니다. 항상 웃고 친절한 우리 엄마는 만들기를 잘하며 깨끗하고 고운 올리브유 색을 좋아하고 흰색 커튼을 아주 좋아합니다. 엄마가 지어낸 이야기를 제가 좀 더 꾸며 더 예쁘게 만든 일도 생각납니다.

엄마에 대한 글로 시작했지만, 이 짧은 글 속에도 '집'과 '음식', '엄마의 성격과 특성', '엄마와 함께한 추억'이 담겨있지요. 그리고 그 속에 느껴지는 아이의 감정까지도요. 문장 속에서 엄마를 향한 아이의 관심과 사랑, 자랑스러움과 좋아하는 감정이 고스란히 묻어납니다.

이렇게 '집'에서부터 확장된 관심과 관찰력, 이해력과 판단력, 감정과 생각이 점점 '학교'와 '사회'를 거쳐 '세상'으로까지 확대될 것입니다. 어릴수록 '집'은 세상의 전부로 느껴질 만큼 거대하고 중요한 곳이지만, 아이가 자랄수록 점점 세상에 대한 관심으로 뻗어갈 거예요.

지금은 '우리 엄마'에 대한 글을 쓰지만, 다음에는 '친구 엄마'에 대한 글도 쓸 수 있고 '우리 선생님', '우리 학교', '우리 동네', '할머니가 계신 시골 마을'에 대한 글도 얼마든지 쓸 수 있지요. 더 나아가 저 멀리 아프리카에서 살고 있는 아이들에 대한 이야기도 얼마든지 쓸 수 있습니다. 점점 크게 영역을 넓혀 내 아이의 글이 자신의 담장을 넘을 때까지 부지런히 아이의 글쓰기를 응원해주세요.

시작해보세요

집과 관련된 소재를 찾고 글로 쓰고 싶은 주제를 다섯 가지 생각해봅니다.
예 우리 집을 소개합니다.
집에 오면 제일 먼저 하는 일은?
우리 집에서 내가 제일 좋아하는 공간은?
내가 살고 싶은 집은?
우리 집이 좋은 이유 세 가지

하나의 주제를 선택해서 내 마음에 있는 말들을 적어봅니다.
예 우리 집이 좋은 이유는 세 가지다. 첫째는 편안하다. 학교 다녀와서 가방을 내려놓고 쉴 수 있어 좋다. 둘째는 냉장고에 먹을 것을 마음대로 꺼내먹을 수 있다. 엄마는 내가 좋아하는 걸 기가 막히게 잘 아신다. 오늘은 냉장고에 뭐가 있을까 궁금하다. 셋째는 사랑하는 우리 가족이 산다. 엄마는 항상 어두워지기 전에 집에 오라고 하신다. 밖에서 더 놀고 싶을 땐 너무 아쉽지만 막상 돌아와 맛있는 밥을 먹을 땐 너무 행복하다. 이런 우리 집이 참 좋다.

11

삶이 곧 생각이고
말이고 글입니다

"어떻게 하면 아이가 글을 잘 쓸 수 있을까요?"라는 말에 정답이 있어서 소개합니다. 바로 《글쓰기, 이 좋은 공부》에 나온 이오덕 선생님의 말입니다.

아이들의 글은 아이들이 이 세상을 살아가면서 보고 듣고 느끼고 생각하고 행동한 것을 자기 말로 정직하게 쓴 것이다. 그러니 글이 있기 전에 말이 있었고, 말이 있기 전에 삶이 있었던 것이다. '삶→말→글'이지, '글→글'이 아니며, 삶이 없이 글은 써질 수 없다.

글은 결코 재주로 쓰는 게 아닙니다. 보고 듣고 느끼고 생각하고 행동한 만큼 나오는 게 글입니다. 경험 없이는 글의 재료도 너무나 일천하여 막상 글 쓸 때는 어떤 감정을 끄집어내야 하는지, 무엇을 느낀 것인지 자신의 말과 글로 표현하기가 어렵습니다. 실제로 제가 가르쳤던 5학년 아이는 매우 부유한 집 아이였는데 《장발장》을 읽고선 이렇게 물었습니다.

"어떻게 사람이 돈이 없을 수가 있어요? 세상에 가난한 사람들이 진짜 있어요? 꾸며낸 이야기 아니에요?"

부모님이 장사를 하느라 바빠 가족 여행을 한 번도 가본 적이 없는 3학년 아이는 이렇게 물었어요.

"여행을 가면 어떤 기분이에요? 마트에 가는 기분이에요?"

부모와 다정하게 이야기를 나눠본 적이 없는 2학년 아이는 이렇게 말했어요.

"선생님 목소리 듣기 싫어요. 왜 내 말에 자꾸 '응, 그랬구나, 어머나' 그렇게 말해요?"

입이 거칠기로 소문난 부모 아래서 자란 6학년 아이는 수업 시간에 이렇게 말했어요.

"저는 동화책이 너무 싫어요. 다 거짓말이에요. 동화 속에 나오는 엄마와 아빠는 다 친절하잖아요. 진짜는 안 그렇잖아요."

수업을 하다 보면 아이들에게서 의도치 않게 여러 말을 듣게 됩니다. 지난주에 엄마 아빠가 왜 싸웠는지, 엄마가 나에게 뭐라고 소리를 질렀는지, 아빠는 한 번도 책을 안 읽으면서 나한테는 책 읽으라고 고함을 질렀다든지….

책을 읽거나 글쓰기를 하기 전에 아이들은 마음이 편안하길 원합니다. 아이는 마음이 불편하고 행복하지 않을 때 책이든 글이든 집중하기가 어렵습니다. 아이가 독서든 글쓰기든 공부든 즐겁게 해나가길 바란다면 일단 아이 마음을 편안하게 해주셔야 해요.

앞에서 말한 것처럼 제 글쓰기 수업은 생각하게 하고 말하게 하는 게 핵심입니다. 자신이 생각하고 느낀 걸 말하게 하고, 친구들의 이야기를 듣고 공감할 수 있게 하고, 그런 이야기를 통해 떠오른 생각을 다시 말하고 정리하게 하는 겁니다. 그것들을 쓰는 일이 글쓰기입니다.

글로 쓰면 한두 줄에 끝나는 과정이지만 막상 아이들과 생각하고 말하고 나누며 공감하고 교감하고 글을 쓰고 읽다 보면 1시간이 훌쩍 갑니다. 가끔 생각합니다. '이 과정을 내가 아니라 부모가 함께한다면 어떨까?'라고요. 학원보다 훨씬 편안한 집에서 선생님보다 훨씬 좋은 엄마 아빠와 함께한다면 아이는 더 즐겁게 글쓰기를 익힐 거라 장담합니다.

글에는 희망이 있고, 꿈이 담겨있고, 꿈을 이룰 수 있는 힘도 있습니다. 사람들은 글을 통해서 무언가를 배우고, 느끼고, 경험하고, 알아갑니다. 또 그것들을 자신의 삶에 적용하고 누군가와 나누며 살아갑니다. 돈, 권력, 명예 이상으로 세상에 전해지는 파급력이 큰 게 글이지요. 그만큼 글쓰기는 중요합니다. 내 아이가 글을 쓰고, 책을 쓰고, 자신의 꿈을 이루어갈 수 있다면 세상을 살아가는 데 큰 무기를 갖게 되는 셈입니다. 그런 만큼, 꿈을 크게 가지고 아이와 즐거운 글쓰기를 해나가길 진심으로 응원합니다.

TIP 작은 차이가 명문(名文)을 만든다

글을 쓸 때 작은 표현이 큰 차이를 만들 수도 있습니다. 아이가 클레이로 작품을 만들었습니다. 충분히 잘 만들었고 예쁘죠? 하지만 이 작품의 진가는 뒷모습에 있습니다. 뒷모습까지 신경 써서 꾸민 모습에 미소가 절로 나지 않나요? '작은 차이가 명품을 만든다'라는 광고 카피가 생각나는 작품이었습니다.

글도 마찬가지입니다. 한 번만 더 고치고, 다듬고, 만져주면 글 전체의 인상과 분위기가 달라집니다. 글을 쓰고 나서 공책을 덮어버리기 전에 '한 번 더'가 필요합니다. 고칠 수 있을 때까지 다듬어보고 생각해본다면, 더 좋은 표현은 없는지 쓰지 않은 표현은 없는지 고심한 흔적이 글에서 느껴진다면 읽는 사람에게도 글쓴이의 진심이 전달될 것입니다.

우리 아이들이 자신조차 한 번 읽고 말아버리는 일회용 글을 쓰는 게 아니라, 두고두고 보고 또 봐도 기분 좋을 글을 써볼 수 있도록 도와주세요. 한 번씩만 더 애써주세요.

두 말하면
입 아픈 독서

글쓰기 하면 빠지지 않는 게 '독서'입니다. 수없이 많은 '생각'의 틀이 잡혀야 수월하게 글쓰기 단계로 진입할 수 있는 것은 어른이나 아이나 다르지 않습니다. 다르다면, 어른은 그나마 '생각의 그물'이 촘촘하달까요. 살아오는 과정에서 겪은 다양한 일과 듣고 본 이야기들을 바탕으로 어른들은 자신만의 논리와 세계관을 형성해 이 세상을 바라봅니다. 바라본다는 건 자신의 생각으로 해석하고 사용할 수 있게 된다는 말입니다. 그것이 논리고 문자로 표현한다면 글이 되는 것입니다.

아이들은 논리가 부족하다 못해 없다고 보는 것이 편합니다. 어른들처럼 실패와 오해, 분석과 이해로 검증된 사실이 별로 없으니까요. 기껏해야 '이러면 안 돼!' 또는 '이거는 돼!' 하는 정도의 판단과 본능에 따라 살아가는 존재에 가깝습니다.

한데 글쓰기는 생각보다 많은 논리가 필요한 작업입니다. 감정과 생각과 경험을 글로 표현하려면 단순히 문자 작성 능력 외에 수많은 감각과 판단이 필요하다는 말입니다. 따라서 아이들의 느슨한 생각 그물로 글쓰기라는 월척을 낚으려면 어려움이 따르기 마련입니다. 그럴 때는 도움이 필요합니다. 물고기를 건져 올릴 낚싯대, 그물, 채 따위가 있어야지요.

그것이 쉽게 말하면 독서, 즉 '책 읽기'입니다. 정확히 표현하면 '책 읽고 생각하기'입니다. (혼동하지 마세요. '글자 읽기'가 아니고 '책 읽고 생각하기'입니다.) 생활 속에서 반복되는 '독서'가 훌륭한 글쓰기의 도구이자 재료, '비법'이 될 수 있음에도 불구하고 독서가 어렵다는 것, 그것이 문제입니다.

아이들의 독서 생활이 중요한 이유는 비단 글쓰기 때문만은 아닙니다. 대체 책을 읽지 않는다면 생각이 깊어지고 넓어지는 확장 단계로 어떻게 뻗어갈 수 있을까요. 글쓰기에 대한 문제는 바로 독서 생활에서부터 찾아야 하는 이유입니다.

책 읽는 아이는 언젠가는 글을 쓰게 되어 있습니다. 책을 읽지 않아서 문제라면 책을 읽히는 게 먼저입니다. 책 읽는 아이, 책 읽는 어른, 책 읽는 사회가 된다면 책으로 대화를 나누고 글을 쓰게 될 것입니다. 그때야 비로소 진짜 제대로 된 글쓰기가 가능해집니다. 세상의 모든 글쓰기는 '독서'를 전제로 한다는 것, 잊지 말아주세요.

습작으로 넓히는 글쓰기 10

01

생각을 끌어내는 글쓰기
부모의 말

2012년에 방영된 SBS 스페셜 〈무언가족〉은 한 집에서 지내지만 마주 앉아도 이야기를 나누지 않는 가족 이야기였습니다. 그때만 하더라도 '저건 좀 심하다' 싶었는데 요즘은 스마트폰 때문인지 보통 가족도 무언가족일 때가 많아지는 듯합니다. 전문가들은 아이들의 스마트폰 중독을 걱정하지만 정작 부모조차 스마트폰에서 시선을 떼지 못하는 가정이 많으니까요.

아이와 함께하는 시간만큼은 아이에게 집중해주세요. 아이는 안 보는 듯해도 늘 부모님이 뭐 하는지 궁금해하고, 문득문득 자신을 바라보는지 기대하고 고개를 듭니다. 언제나 눈을 마주치고 이야기를 들어줄 부모가 있다는 걸 알게 해주세요. 집에서 부모와 대화를 충분히 하고 난 이후라야 집 밖으로 나가서도 잘 지낼 수 있다는 걸 기억해주세요.

부모 중에는 말수가 적고 조용한 분도 있을 겁니다. 아이를 낳았다고 갑자기 수다쟁이가 되진 않으니까요. 그런 분이라면 아이가 놀이를 할 때만큼이라도 충분히 말할 수 있도록 상호작용을 해주길 권합니다. 아이가 놀면서 하는 말 중에는 금쪽같은 말이 정말 많거든요.

황금연못에서 막 길어 올린 언어의 활어들이 그물 가득 펄떡거립니다. 그것을 부모가 다 느끼고 알아챌수록 아이와 교감하고 나눌 이야기들이 점점 많아지게 되는 것은 당연하지요. 그런데 그걸 모르는 부모가 많은 것 같습니다. 그래서 아이들은 이렇게 말하는지 모르겠습니다.

"엄마는 내 맘도 모르면서!"

"아빠는 이것도 모르면서!"

혹시 아이에게 저 말을 들었다면 '아, 내가 아이 마음을 몰랐구나', '아, 내가 아이의 관심사를 몰랐구나'라고 생각할 게 아니라 '아, 내가 아이랑 덜 놀았구나' 하는 게 맞을 거예요. 아이는 놀면서 마음과 생각을 한껏 내보이거든요. 그러니 충분히 놀아주세요.

그리고 많은 이야기를 듣고 반응해주세요. 그런 부모의 행동을 아이는 누구보다 빨리 알아채고 마음을 열어 보일 거예요. 아이들의 마음은 하늘보다 넓고 바다보다 깊어요. 아이들과 놀면서 말을 하는 것 자체가 나중에 글을 쓰게 하기 위한 물밑 작업이에요. 부모는 그렇게 큰 그림을 조용히 그려주세요.

가장 지치게 하는 말이 뭐냐는 질문에 꽤 많은 부모가 "심심해"를 꼽습니다. 특히 외동아이를 키우는 집은 심하지요. "심심해"가 "놀아줘"로 들려서 그럴 거예요. 종일 놀아줬는데 또 놀아달라고 하니 지칠 수밖에요. 다른 집은 부모가 친구도 잘 만들어주고 형제자매라도 있게 해줘서 심심하다는 말을 덜하나 싶어 미안한 마음까지 더해졌을 거예요.

이런 상황인데 "아이와 놀아주세요"라는 말을 들으니 가슴이 답답할 거예요. 하지만 조금만 달리 생각해보면 어떨까요? 아이가 생각하는 '놀이'와 부모가 생각하는 '놀이'가 같을까요? 초등 아이와 노는 걸 여전히 역할 놀이, 게임, 상호작용으로 여기고 있는 건 아닐까요?

초등 아이는 혼자서도 잘 놀고 부모가 지켜보지 않아도 친구와 잘 어울려요. 부모와 아이가 함께 노는 시간은 하루에 많아도 1시간을 넘지 않을 거예요. 게다가 그 시간 동안 계속 상호작용을 해야 하는 것도 아니에요. 아이가 클수록 반응만 해줘도 충분할 때가 많아요. 그만큼 아이가 컸다는 거죠.

아이와 함께 캘리그래피를 배운다거나 등산을 하거나 여행을 가도 좋지만 이마저도 힘들면 함께 장을 보러 나가거나 요리를 해도 좋고 산책을 해도 좋아요. '무언가를 함께하는 것 자체를 부모와 아이의 놀이'로 바라보길 바라요. 그렇게 함께하는 시간만큼 대화는 늘고 마음은 열릴 거예요. 아이들은 굉장히 소박해요. 부모와 함께 맛있는 걸 먹고 걷고 이야기하는 걸 놀이만큼 즐거운 걸로 여기거든요.

이런 아이도 사춘기가 되면 부모와 함께하는 걸 거부하기도 해요. 어떤 아이랄 것도 없이 방문을 닫는 시기가 있더라고요. 그럴 땐 아이가 방문을 스스로 열고 나올 때까지 기다려주세요.

다 그런 건 아니지만 부모가 아이를 외면했던 시간이 길수록 아이들은 방문을 오래 닫고 지냅니다. 제가 아는 꽤 많은 아이들이 그랬습니다. 반대로 부모가 아이와 함께한 시간이 많을수록 방문이 빨리 열리더라고요. 방문이 닫히기 전인 지금, 더 많이 함께하고 더 많이 웃고 더 많은 이야기를 나눠주세요.

많이 놀아야 잘 쓰고, 많이 함께해야 잘 쓰고, 많이 이야기를 나누어야 잘 써요. 말을 공유하는 건 생각을 공유하는 거고, 생각을 공유하는 건 마음을 공유하는 겁니다. 부모와 아이가 공유하는 과정을 통해 글이 써질 토대도 알맞게 갖춰져요.

그런데 놀면서 무슨 말을 어떻게 해야 할까요? 일단 '놀이'건 '말하기'건 아이에게 주도권을 넘겨야 합니다. 아이가 하고 싶은 말을 충분히 할 수 있도록 들어주기가 먼저입니다. 거기에 더해 가볍게 반응합니다. "응-", "그래?", "좋네", "해봐" 같은 추임새와 함께 아이가 더 자세히 말할 수 있도록 관심을 더하는 말을 해주면 좋습니다.

"그랬구나, 그래서 어떻게 되었어?"

"방금 그 생각 조금 더 듣고 싶어. 뭔가 솔깃해!"

"대단하다! 이걸 다 혼자 했단 말이야? 난 어릴 때 이만큼 못했던 것 같은데?"

부모가 관심을 보이면 아이는 할 수 있는 한 최선을 다해 이야기를 풀어냅니다. 부모가 긍정적으로 반응할수록 아이는 신이 나서 이야기합니다. 그럴 땐 귀 기울여 듣고 무언의 감탄사와 함께 박수를 쳐주세요. 아이는 더 흥이 나서 뭔가를 보여주고 이야기할 겁니다. 반대로 부모가 아이 말을 중간에 자르거나 흘려듣거나 건성으로 반응하면 아이는 더 이상 말할 힘을 잃습니다. 어느 순간 입을 다물어 버립니다.

아이는 부모를 통해 말하기를 배웁니다. 아이가 또래와 놀 때 가만히 지켜보면 부모가 했던 반응과 행동을 그대로 보여줍니다. 친구 말을 중간에 자르고 자기 말만 하는 아이가 있는가 하면 가만히 잘 들어주고 적절히 반응해주는 아이도 있습니다. 어떤 친구와 함께하고 싶을까요?

아이들의 친구 관계가 고민이라면 부모는 가장 먼저 자신의 말 습관부터 점검하길 권합니다. 아이가 말하기로 자신감도 갖고, 즐거움도 알고, 성취감도 느끼길 바란다면 다음과 같이 반응해보세요.

"난 너와 이야기하는 시간이 가장 좋아. 어쩜 이렇게 재미나게 말도 잘할까?

"어쩜 그런 엄청난 생각을 할 수 있는 거야? 내게 비밀을 알려줘."

"키가 크는 만큼 표현력도 쑥쑥 자라는 것 같아. 하는 말마다 감탄사가 나오는걸."

"그런 생각은 너무 기발해서 입이 다물어지지 않아."

"오! 놀라운걸? 생각이 이제 엄마 어깨만큼 자란 것 같은데?"

"너무 감동해서 가슴이 쿵쾅쿵쾅 뛰었어."

내 말이 아이에게 모두 반영이 된다는 것, 즉 '오늘의 내 아이 모습은 지금까지 내가 한 말의 총합이다' 그렇게 생각하면 맞습니다. 이 정도만으로도 훌륭하지만 뭔가 생각을 더 깊게 할 수 있도록 도와주고 싶을 겁니다. 아이 안에 있는 깊은 우물에서 느낌과 생각을 어떻게 끌어올릴 수 있을까요?

첫째, 경청해주세요. 경청은 아이가 말한 그대로 받아들이라는 말입니다. 흔히 부모들은 아이가 무슨 말을 하면 그 말에 답을 줘야 한다고 여깁니다. 또는 아이가 한 말이나 생각에 부모가 하고 싶은 말이나 생각을 덧붙이고 싶어 합니다. 물론 가끔은 필요한 순간도 있지만 대개는 교장 선생님 훈화처럼 따분하거나 잔소리로 이어지기 쉽습니다. 그런 이야기를 듣고 싶은 사람은 없습니다. 그건 아이도 마찬가지입니다. 그러니 아이 생각을 끌어내고 싶다면 가만히 들어주고 인정하는 게 좋습니다. 때로는 어떤 말보다 고개만 끄덕여주는 게 좋을 때도 많습니다.

때로는 아이가 단답형으로 답하고 말을 끝내는 경우도 있습니다. 매번 그 말에 반응을 해서 대화를 이끌지 않아도 됩니다. 억지로 생각을 끌어내는 건 안 하느니만 못 합니다. 사이가 매우 좋아도 길게 말하고 싶지 않은 날도 있습니다. 그런 날엔 그냥 가만히 마주 앉아있어도 됩니다. 마주 앉았다고 해서 늘 말을 해야 하는 건 아닙니다. 그런 경험이 차곡차곡 쌓이면 어느 날 또 다시 아이가 말을 쏟아내는 순간이 옵니다.

하루아침에 모든 것을 다 이루려 하지 마세요. 시간이 필요하니다. 모든 아이는 부모가 자신의 말을 경청하고 자신이 원할 때 귀 기울여주는 것을 너무나 좋아하고 기다립니다. 그냥 들어주는 것만으로 충분할 때가 많습니다.

둘째, 입장을 바꿔 생각해주세요. 그냥 내가 아이라고 생각하는 겁니다. 내가 아이라면 부모가 내게 어떤 말을 해주면 좋을까요? 가만히 들어주고, 바라봐주고, 함께 있어주고, 끄덕여주고, 손 잡아주고, 안아주는 것으로도 많은 부분이 해결됩니다. 바로바로 모든 걸 해결해주기보다 아이가 해답을 찾아갈 수 있도록 기다려주세요.

셋째, 가르치려 하지 마세요. 아이의 생각을 끄집어내려는 대화가 가르침이 되면 곤란합니다. 권위적인 부모일수록 아이를 대등하게 바라보지 않고 가르쳐야 하는 대상으로 봅니다. 그러니 시도 때도 없이 가르치려 합니다. 생각은 오고 가는 대화 속에서 싹트고 키워지고 끌어올려집니다. 애써 싹틔운 아이의 생각을 파묻으려는 게 아니라면 가르침은 밀쳐두세요.

연습 ∼∼∼∼∼∼∼∼∼∼∼∼∼∼∼∼∼∼∼∼∼∼

어떻게 생각을 끌어낼 수 있는지 예를 들어보겠습니다.

〈지구별 소풍〉을 읽고

봄이는 토요일마다 아픈 엄마를 만나러 간다. 어느 날 봄이를 제일 먼저 반겨주시는 할머니가 보이지 않았다. 봄이 엄마는 할머니가 돌아가셨다고 했다.

봄이는 엄마도 할머니처럼 죽을까 봐 지켜준다고 했다. 하지만 엄마는 소풍을 다녀온 것처럼 사람들은 지구별에 소풍을 다녀온 것이라고 했다. 그러니까 지구별 소풍이 끝나면 사람은 죽는 것이다.

한때 나도 봄이처럼 사람들이 왜 죽는지 몰랐다. 왜 죽어야 되는지 모른 것이다. 나는 주변 사람들은 당연히 영원히 살 줄 알았다. 하지만 나이가 들면서 사람은 무조건 죽는다는 것을 알게 되었다. 그러면 당연히 내 주변 사람들도 죽겠지? 그래서 나는 하루하루를 주변 사람과 행복하게 지내려고 노력 중이다. 태어나는 건 순서가 있어도 죽는 건 순서가 없기 때문이다.

먼저 생각을 막는 부정적인 반응을 살펴보겠습니다.

😟 봄이 할머니가 돌아가셔서 너무 슬퍼.

👩 사람이 다 죽지 뭐, 그럼 평생 사니?

😊 사람은 누구나 다 죽지. 그러니 하루하루 행복하게 사는 게 중요한 것 같아. 언제 죽을지 모르니 후회하지 않도록.

👩 사는 게 그렇지 뭐. 그래 행복하게 살자. 그러니 엄마 말 잘 듣고, 공부 열심히 하고, 숙제도 좀 알아서 하고, …잔소리…

영어 숙제는 다 했니? 얼른 밥 먹고 학원 가야지? 왜 이렇게 꾸물거려, 응?

😐 아, 좀. 지금 할 거야!

생각을 끌어내리려면 다음과 같이 긍정적으로 반응해줘야 합니다.

😐 봄이 할머니가 돌아가셔서 너무 슬퍼. 죽음은 슬픈 것 같아.

😊 그치, 엄마도 그렇게 생각해. 그래도 봄이 엄마처럼 지구별에 소풍을 왔다가 돌아가신 거라고 생각하면 조금은 위로가 될 것 같긴 해.

😐 사람은 누구나 죽는 거니까 어쩔 수 없지만, 그래서 더욱 하루하루 주변 사람들과 행복하게 지내려고 노력해야겠다는 생각이 들어. 태어나는 건 순서가 있어도 죽는 건 순서가 없잖아? 그러니 살아있을 때 행복하게 지내야지, 나중에 후회 없도록.

😊 그렇구나, 혜민이가 그런 생각을 했구나. 엄마도 그렇게 생각해야겠다. 언제 이별할지 모르는데 행복하게 지낼 수 있도록 말이야. 그런데 이런 이야기를 하는 혜민이를 보니 언제 이만큼 자랐나 싶어 뭉클하네.

😐 엄마는 뭘 이 정도 가지고 그래. 그치만 나도 엄마랑 얘기해서 좋아.

😊 응, 엄마도 좋아.

너무 교과서 속 대화 같나요? 하지만 사례처럼 대화하는 분이 생각보다 많답니다. 물론 부정적 대화도 많지만요. 당장 숙제를 해야 하는데 안 하고, 학원 갈 시간이 코앞인데 노닥거리며 심심풀이 대화를 이어나가는 듯 보여 짜증이 밀려올 수 있어요. 그럼에도 아이가 여유를 부릴 땐 이유가 있을 거고, 저 정도 대화도 못 할 만큼 바쁜 일은 세상에 없어요. 저 정도로 노닥거린다고 못 할 숙제를 할 수 있다거나 늦지 않을 학원을 늦진 않을 거예요.

아이가 먼저 입을 열지 않으면 생각을 끄집어내는 것도 어렵습니다. 마치 갯벌 속 생명체들이 사람의 인기척을 느끼고 꼭꼭 숨어 버리듯이 말이죠. 짭짤하고 익숙한 바닷물이 밀려들어 오면 갯벌 친구들이 고개를 내밀고 기어 나오듯이, 아이들도 편안함을 느껴야 드디어 자기 모습을 드러내고 활보합니다. 아이의 생각을 존중하고 인정하고, 아이가 마음껏 표현하고 꿈을 펼쳐갈 수 있도록 넓은 바다 같은 부모가 되길 바랍니다.

02

말로 늘리는 글쓰기
3분 스피치

글쓰기 연습에서 말하기는 빠지지 않고 등장합니다. 글을 바로 쓰는 것보다, 입을 열어 말로 뱉게 하면 덜 억지스럽고 글 쓸 때 힘을 덜 들일 수 있기 때문입니다. 물론 혼자서도 척척 쓰는 아이라면 가만히 내버려두어도 중간 이상은 씁니다. 그러나 혼자 쓰기 어려워하는 아이라면 먼저 말로 뱉게 하는 게 글쓰기를 수월하게 하는 비결입니다. 글을 어떻게 써야 할지 머릿속에 나름의 지도가 그려지기 때문입니다.

말하기는 글쓰기를 위한 일종의 '내비게이션'입니다. 글을 열 줄 쓰라고 하면 한숨을 푹푹 쉬던 아이도 그 주제에 관해 이야기를 나눈 다음 써보라고 하면 열 줄을 거뜬히 써냅니다. 제가 가르친 아이들만 그런 게 아니라 글쓰기를 지도하는 선생님들이 입을 모아 하는 이야기이기도 합니다.

일상 말하기라면 모를까 자신의 생각을 털어놓는 말을 처음부터 잘하는 아이는 많지 않습니다. 차라리 저학년은 아무 말이나 자신 있게 하는데, 고학년은 아무 말이나 내뱉기엔 체면이 서지 않는 것인지 자신 있게 말하지 못합니다. 자신이 없으니 목소리가 점점 더 기어들어가고, 머뭇거림은 잦아지고, 표현은 갈 길을 잃습니다.

말하기에 자신이 없는 아이를 보면 부모는 속이 탈 겁니다. 하지만 말하기에 욕심이 있는 아이라고 긍정적으로 생각해주세요. 정말 말하기에 욕심이 없는 아이라면 아무 말이나 막 내뱉었을 겁니다. 잘하고 싶은 아이니 조금만 이끌어주면 기대 이상으로 잘해냅니다. 그래서 이런 아이라면 글쓰기 훈련이 아니라 말하기 훈련부터 시작합니다.

누구나 쉽게 할 수 있는 훈련은 3분 스피치입니다. 3분 스피치는 학교 수업 시간에 자주 하는 일이라 따로 가르치지 않고도 바로 시작할 수 있습니다.

물론 글쓰기 연습용 말하기에는 다른 점이 있습니다. 매일 꾸준히 해야 한다는 점입니다. 가족을 앞에 두고 말하면 좋겠지만 늘 가족이 마주하지 못할 수도 있습니다. 그럴 땐 거울이나 인형 앞에서 해도 된다고 알려주세요.

저는 어렸을 적 토끼 인형과 양배추 인형, 곰돌이 인형을 나란히 앉혀놓고 그 앞에서 이야기를 한 적이 많았어요. 그렇게 혼자서 매일 얘기했던 경험이 나중에 글을 쓸 때 도움이 많이 되었어요. 에세이 작가 인터뷰에서도 가상의 누군가를 정해놓고 이야기 들려주기가 빠지지 않고 등장하는 걸 보면 누구에게나 효과를 내는 방법임에 틀림없습니다. 거울 보고 말하기는 아나운서들이 필수로 따라 하는 방법이고요.

혼잣말일지라도 상대가 앞에 있다고 생각하면서 말해야 합니다. 역할 놀이를 하듯 나와 또 다른 내가 대화를 나눠도 좋습니다. 가상이든 실제든 상대가 있으면 혼잣말을 할 때보다 훨씬 신경 써서 말을 합니다. 신경을 쓴다는 건 말을 골라서 한다는 뜻이고 상대방의 반응을 예측하면서 한다는 뜻입니다. '어떻게 말해야 상대에게 내 생각과 마음을 잘 전달할 수 있을지' 고민하면서 말하는 날이 쌓이면 어느 순간 막히지 않고 술술 말이 나올 겁니다. 말도 글과 마찬가지로 자주 할수록 늘고, 고르고 다듬을수록 늡니다.

큰아이가 다섯 살 무렵 "거북이는 토끼보다 느리지만 토끼보다 더 많은 이야기를 알고 있어"라고 말해서 놀란 적이 있습니다. 아이들과 산책을 자주 했는데, 큰아이는 어린 동생 때문에 빨리 걷지 못하니 답답해했습니다. 그럴 때 저는 이렇게 말을 했습니다.

"천천히 걸어가면서 보면 우린 더 많은 이야기들을 나눌 수 있고, 보지 못했던 것을 알게 되기도 해. 봐봐, 저 안에 버섯이 자라고 있네?"

그 말 덕분인지 확실치는 않지만 언제부터인지 큰아이는 재촉하는 날이 줄었습니다. 뿐만 아니라 동생 손을 잡고 천천히 걷는 걸 좋아했습니다. 이런 경험이 쌓여 거북이가 더 많은 걸 볼 수 있다고 한 게 아닌가 싶습니다. 아이 중에는 토끼처럼 빠르고 당차게 속력을 내서 달리는 아이도 있습니다. 이런 아이들도 칭찬받아 마땅합니다. 하지만 거북이처럼 느린 아이를 키우고 있다면 조금 느려도 천천히 가면 닿을 수 있다고 말해주세요. 느리게 걷든 빨리 달리든 어쨌든 오늘도 말을 늘리고 있다면 그것만으로 칭찬해주세요.

저는 확신합니다. 글쓰기에 있어서만큼은 거북이의 꾸준함이 승리의 열쇠가 된다는 걸요. 그리고 또 하나, 토끼도 마음만 먹으면 거북이를 너끈히 이길 수 있다는 걸요. 꼭 누가 누굴 이겨야 하는 것도 아닙니다. 토끼는 토끼의 이야기를 쓰고 거북이는 거북이의 이야기를 쓰면 됩니다. 토끼의 이야기와 거북이의 이야기가 더해지면 세상은 더 풍성한 이야기로 채워질 겁니다.

토끼처럼 말을 잘하는 아이라면 바로 글쓰기로 넘어갈 수 있지만, 거북이처럼 글쓰기가 더디고 힘든 아이라면 말하기 연습부터 하는 게 앞으로도 좋습니다. 그럼에도 대뜸 말하기를 하라고 할 순 없겠지요. 하란다고 할 아이도 많지 않고요. 그러니 말을 할 수 있는 재미있는 상황을 만들어주세요.

온 가족이 주말에 모여 3분 스피치를 하면 좋겠어요. 3분 스피치는 예고형도 좋습니다. 다음 주말에는 어떤 주제로 이야기를 해보자고 하는 거죠. 자유 주제도 좋지만 주제를 정해주면 내내 생각해서 이야기가 더 풍성해지거든요. 책을 읽고 소개를 하든지, 하루 동안 있었던 일을 이야기하든지, 어떤 주제를 정하든 다 좋습니다.

다만 이 시간이 즐거워야 하므로 게임처럼 진행하면 좋고, 신나는 가족 문화가 되도록 상품이 있어도 좋습니다. 일주일에 한 번 '상금'을 걸고 온 가족이 영혼을 불태워 글을 쓰고 준비한다는 집을 본 적이 있습니다. 작년에 1등을 해서 번 30만 원 상금으로 아직도 치킨을 시켜 먹고 있다는 거북이 같은 '아들' 이야기를 들으면서, 그 집 아이들은 분명 생각도 마음도 솔직하게 잘 표현하겠구나 싶었습니다.

막상 하려고 하면 어떻게 해야 하나 싶을 거예요. 먼저 규칙을 정해주세요.

① 상대방이 말할 때는 경청해주세요.

② 발표가 끝나면 긍정적인 피드백을 해주세요.

③ 발표가 즐거운 경험으로 남도록 기분 좋은 의식을 더해보세요.

예 달콤한 디저트(케이크, 아이스크림, 쿠키, 과일 등)나 작은 선물로 기념하기

④ 오늘의 3분 스피치에 박수를 보내고 다음 3분 스피치를 계획해주세요.

예 "오늘 너무 좋은 시간이었어. 그렇게 이야기를 진지하게 할 수 있다니, 지금까지 본 모습 중에 가장 멋졌어. 다음 이야기가 벌써부터 기대돼. 다음엔 아빠도 잘 준비해서 멋진 모습을 보여주도록 노력할게."

다음 문항 중에서 하나를 선택하고 앞에서 말한 규칙대로 따라 해보세요.

- 이 세상에 검은색이 모두 사라지면 어떤 일이 일어날까요?
- 타임머신이 생긴다면 언제로 가보고 싶나요? 이유는? 어떤 일을 하고 싶나요?
- 소원을 이뤄주는 약이 있다면 무슨 소원을 말하고 싶나요?
- 공부를 잘하게 되는 약이 있다면 어떤 일이 일어날까요?
- BTS의 인기 비결은 무엇이라고 생각하나요? BTS에게서 배우고 싶거나 닮고 싶은 점을 찾아보고 말해보세요.

3분 스피치가 가족 문화로 자리 잡으면 자연스럽게 하브루타 대화법으로 이어질 겁니다. "그런데 아까 그 일 말이야, 난 이렇게 생각했어", "그건 이렇게 하면 어땠을까?", "이렇게도 생각해볼 수 있지 않을까?"처럼 아이가 생각하지 못한 면을 질문으로 던져주면서 가족이 함께 이야기를 이어나가는 노력이 더해지면 좋습니다.

03

사전을 활용한 글쓰기
마음 사전

집에 국어사전이 있나요? 초등학교 3학년이 되면 국어사전을 어떻게 활용하는지 수업 시간에 배워옵니다. 이때 국어사전을 사면 가장 좋습니다. 학교에서 배웠으니 국어사전에 흥미를 느끼고 습관을 들이기 좋을 때입니다. 어릴 때 보던 식물 도감이나 동물 도감은 그림 위주지만 국어사전은 말 그대로 어휘 사전입니다. 말과 글을 배우는 데 기본이 되는 것은 어휘입니다. 그러니 글쓰기 실력을 더욱 늘리고 싶다면 국어사전 활용이 필수입니다.

네이버 국어사전이나 다음 국어사전을 이용하면 궁금한 단어를 더 빨리 찾을 수 있고 더 다양한 글을 만날 수 있는데 굳이 불편하게 종이 사전을 사야 하나 싶을 겁니다. 맞습니다. 종이 사전은 불편하고 번거롭고, 요령이 없으면 빨리 찾기도 힘듭니다. 그럼에도 종이 사전을 사야 하는 이유는 바로 그 불편함 때문입니다.

모르는 단어를 종이 사전으로 찾으려면 단번에 찾을 수 없습니다. 사전을 펼치고 주르륵 이어지는 단어 속에서 가나다 순서대로 찾아나가야 합니다. 규칙을 잘 알고 있더라도 단번에 찾기는 힘듭니다. 어쨌든 그 과정에서 단어를 잊지 않게 머릿속으로 되뇌는 작업을 합니다. 여러 번 반복해서 단어를 읽는 셈입니다. 그렇게 단어를 찾으면 뜻을 몇 번 읽게 됩니다. 겨우 찾았는데 대충 읽고 바로 덮자니 시간이 좀 아깝게 느껴지니까요. 그래서 활용도 꼼꼼하게 읽게 됩니다. 당연히 더 오래 기억에 남겠지요.

사전을 펼쳐 눈으로 훑다 보면 의외의 단어에 눈이 가기도 하고 찾는 단어의 앞뒤에 어떤 단어가 있는지 자연스럽게 보게 됩니다. 나란히 놓인 단어는 비슷한 말이 많습니다. 자연스럽게 한자 뜻을 익히기도 합니다. 어휘만큼은 빠른 학습보다 느린 학습이 기억이나 활용 면에서 훨씬 큰 효과를 발휘합니다.

우리가 맛집을 찾아갈 때를 떠올려봅시다. 지금은 네이버 지도나 구글 맵을 보면서 빠르게 찾아가지만 예전에는 물어물어 찾아갔습니다. 골목을 돌고 돌아 다음 골목을 지나 파란 대문 집을 지나가다 보면 눈에 들어오는 붉은색 지붕 집 옆이 맛집이었습니다. 그런데 몇 달이 지나도 물어물어 찾아갔던 곳은 혼자서도 가볍게 찾아가지만 네이버 지도를 보고 따라갔던 곳은 결코 혼자서는 찾아갈 수 없습니다.

단어도 마찬가지입니다. 자음을 순서대로 찾아 헤매고 모음을 순서대로 찾아내고 받침을 순서대로 찾다 보면 드디어 만나게 되는 '내가 찾는 단어'. 아이들은 그런 단어를 찾았을 때 얼굴이 환해집니다. '드디어 찾았다!' 하고 알게 되는 소소한 기쁨이지요.

이처럼 번거로운 과정도 아이들은 기쁨으로 바꿀 줄 압니다. 모든 단어를 사전에서 찾아야 하는 건 아니지만 중요한 단어라면 꼭 사전으로 찾아보길 권하는 이유입니다. 국어사전을 뒤적이는 일이야말로 눈과 손, 뇌가 협응해야 하는 번거로운 작업이지만, 분명 아이들에게 도움이 되는 일이기에 적극 추천합니다.

이왕 산 사전이라면 잘 이용해야 합니다. 일단 책꽂이가 아니라 거실이나 책상 위에 꺼내놔야 합니다. 아무 때고 가볍게 펼쳐볼 수 있게 하는 겁니다. 여기에 더해 놀잇감으로 사용하길 권합니다.

대개 사전에서 특정 단어를 찾아 그 단어를 가지고 짧은 문장을 지어보라고 하면 아이들은 쭈뼛거립니다. 사실 좀 재미가 없을 것 같긴 하니까요. 게다가 어휘 체계가 잡혀 있지 않아 겨우 뜻은 찾아도 활용해서 문장을 만들자고 하면 잘하지 못합니다. 엉성하고 논리가 없는 경우도 많습니다. 몇 번 하고 재미없다고 돌아서는 이유입니다.

그럼 좀 더 재미있게 오래 사전을 가지고 놀 수 있는 방법은 없을까요? 이럴 땐 사전을 내 방식대로 만들어보자고 합니다. 이름하여 '내 마음대로 사전 만들기'입니다. 하루에 한 번이면 충분합니다.

시간은 상관없지만 일정하게 유지해주면 좋습니다. 할 말이 많은 방과 후나 저녁 시간이 좋습니다.

오늘 하루 있었던 일 중에서 '내 마음을 표현해줄 만한 단어'를 찾아보자고 합니다. 그 단어를 이용해서 글로 마음을 표현해보는 겁니다. 예를 들면 다음과 같습니다.

내 마음 사전 1. 2021년 6월 20일 월요일 〈배기다〉

배기다

뜻 고통을 능히 견디다. 참기 어려운 일을 잘 참고 버티어 나가다.

예 일이 너무 힘들어서 더 이상 배길 수 없었다.

작문 다리가 아팠지만 겨우 참고 집까지 걸어왔다. 뛰어가다가 넘어질 뻔했는데 다리가 삐걱거리는 느낌이다. 다음엔 조심해서 다녀야겠다. 바쁠 때일수록 천천히 걸어가라고 엄마가 말씀하셨는데 뛰다 보니 이런 일도 생겼다. 다리가 아픈 걸 배길 수 없었는데, 저녁에 찜질하고 나니 괜찮은 것 같다. 더 많이 아프면 병원에 가봐야겠다.

내 마음 사전 2. 2021년 6월 21일 화요일 〈뭣하다〉

뭣하다

뜻 느낌을 뭐라고 표현하기 어렵다.

예 거절하기 뭣해 말을 돌렸다.

작문 오늘은 친구가 같이 놀자고 했다. 거절하기가 뭣해서 그냥 알겠다고 했다. 같이 노는데 역시나 재미없고 피곤한 느낌이 들었다. 그래서 집으로 왔다. 친구 혼자 두고 온 것이 마음에 걸렸지만, 날씨도 더웠고 슬슬 잠이 왔다. 다음에 재미있게 놀 수 있게 되면 좋겠다. 친구도 집에 잘 들어갔겠지?

이런 식으로 쓰면 특별한 일기도 되고, 실질적으로 필요한 어휘를 알아가는 데 도움이 됩니다. 그리고 '오늘은 어떤 단어를 고를까?' 하고 찾아보는 재미도 있습니다. 아이들은 재미있어야 직접 해볼 마음을 먹습니다. 재미있을 때 아이들이 잘 하는 말 아시죠?

"나도 해볼래요!"

늘 쓰던 일기 말고 이런 식으로 쓰는 일기도 글쓰기에 있어 좋은 대안이 됩니다. 아이들이 한 가지 형식으로 글 쓰는 게 얼마나 따분할까요? 가끔은 쉽게도 하고 힌트도 주면서 재미있게 글을 써나갈 수 있도록 도와주세요. 우리 아이의 마음을 살필 사람은 부모밖에 없으니까요.

이 활동을 처음부터 아이에게 하라고 하면 아이는 또 다른 과제나 테스트로 여기고 부담스러워합니다. 이걸 또 왜 하라고 하느냐며 실랑이를 벌이다 감정만 상하기도 합니다. 처음에는 부모가 먼저 해보길 바랍니다. 부모가 쓴 것을 몇 번 보면 아이 입에서 "나도 해볼래요!"가 나올 겁니다. 그럴 땐 공책 한 면은 부모, 다른 한 면은 아이가 활용하는 방식도 좋습니다. 서로의 마음을 읽는 시간이 될 겁니다.

마음을 표현하는 단어로 '고등어', '구름' 같은 명사도 좋지만 형용사나 동사를 유도해도 좋습니다. 생각보다 많은 아이들이 '단어' 하면 명사로 한정하는 걸 자주 봅니다. 명사는 의미 변화가 거의 없는 데 반해 형용사나 동사는 앞에서 꾸며주는 말을 붙이기 좋아 글을 늘리기에도 좋습니다.

이 역시 부모가 먼저 보여줘야 아이는 따라옵니다. 어떨 땐 의태어나 의성어 같은 부사도 좋고 감탄사로도 표현할 수 있습니다. 다양한 형태를 자유자재로 쓸 수 있다는 걸 보여주세요. 아이는 또 금방 따라 합니다. 아이는 부모의 가르침으로 성장하는 게 아니라 보고 따라 하기로 성장한다는 걸 잊지 말아주세요.

사전을 이용해서 단어 확장하기를 해도 좋습니다. '그릇된'이라는 단어를 찾다 보니 '그르다'를 찾게 되었고, '그르다'의 의미를 찾다 보니 '옳다, 사리, 조리, 도리'라는 단어까지 연관이 되었지요. 이렇게 사전을 통해 알아가는 단어는 뜻이 거미줄처럼 연결되어서 이해를 도와줍니다. 나만의 단어장입니다.

이렇게 단어 공책을 따로 만들어두면 익힌 단어의 뜻이 헷갈릴 때 찾아보기 좋습니다. 직접 쓴 글이라 아이들은 더 쉽게 기억해냅니다. 글씨 쓰기를 좋아하는 아이라면 추천하는 방법입니다. 단어를 적을 땐 관련된 단어를 뜻과 함께 적어보라고 하면 좋습니다. 사실

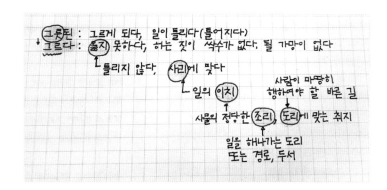

공부의 기본은 개념어를 정확히 아는 건데 이런 방식을 이용하면 글쓰기는 물론 공책 정리를 하는 데도 도움을 받을 수 있습니다.

영어 단어를 외울 때 단어 기록장을 사용하면 도움이 되듯이 국어도 언어기 때문에 이런 장치가 필요합니다. 국어사전을 옆에 두고 모르는 단어가 나오면 찾아서 정리해뒀다가 중간중간 읽어주면 좋습니다. 아이들은 자신이 내놓은 결과물을 굉장히 좋아합니다. 그래서 자신이 쓴 글이나 사전을 읽고 또 읽는 걸 생각보다 좋아합니다. 한번 시도해보세요.

04

관찰하여 글쓰기
놀이터와 도서관

아이들이 주로 노는 곳은 어디인가요? 저희 집 아이들은 여전히 놀이터와 도서관에서 자주 놉니다. 그런데 저희 아이뿐 아니라 꽤 많은 아이들이 혼자 놀 때가 많습니다. 또래가 보이면 어울려 놀지만 없을 때도 있으니 당연한 일이지요. 그런데 또래와 놀면서도 가끔씩 혼자 생각에 잠기기도 합니다. 어쩔 수 없이 혼자 놀아야 하거나 아이가 유독 혼자 노는 걸 좋아하다면 굳이 친구를 찾아 헤매거나 어울리도록 유도하지 말고 그 자체를 즐기게 하면 좋습니다.

어떤 장소에 들어섰을 때 함께 관찰해보자고 하면 아이들은 좋아합니다. 가만히 앉아 오가는 사람들도 보고 주위에 있는 나무와 돌을 보기도 하고, 무슨 일이 일어나고 있는지도 보는 거죠. 사람을 너무 뚫어져라 보는 건 예의가 아니라는 것만 알려주면 아이는 또 신이 나서 관찰합니다. 마치 탐정이라도 된 것처럼, 아무 일도 일어나지 않았고 아무도 사건을 의뢰하지 않았는데 누구보다 집요하게 단서를 찾아내려고 합니다.

흔히 '오늘 하루 뭐했지?'라고 생각한 다음 일기를 쓰는데, 거꾸로 오늘은 ○○에 대해 글을 써봐야겠다 마음 먹고 관련 주제를 파보며 하루를 보내고 글을 쓸 수도 있습니다. 어떤 곳에 갈 때 미리 무얼 바라볼지 정하거나 주제를 정하고 가면 아이들은 놀면서도 그 생각을 담아둡니다. 그러면서 무엇을 어떤 순서로 어떻게 표현할지 줄거리를 그리기도 합니다. 그런 날엔 집에 오기 무섭게 아이가 공책을 펴고 술술 적어내려 가기도 합니다.

놀이터나 도서관은 아이들에게 익숙한 장소고 우연히 아는 사람을 만나기도 좋은 곳이라 글쓰기 소재를 정하고 가기에 이만저만 좋은 게 아닙니다. 하루 날을 잡아 함께 나가서 아이와 시간을 보내고 집으로 돌아와 마주 앉아 글을 써보세요. 훨씬 편하게 글을 써내려가는 아이를 볼 수 있을 거예요. 시간과 장소를 공유한 사이! 그날은 부모와 아이가 함께 이야기를 나눌 거리가 많을 거예요. 그런 대화야말로 글쓰기의 초석이 된다는 걸 기억하세요.

다음 일기는 고학년 아이들에게 보여주기 위해 제가 쓴 글입니다. 길고 자세한 설명보다 예시 하나가 나을 때가 많습니다. 아이들 수준에 맞는 글을 그때그때 써서 예시로 보여주면 아이들은 빠르게 감을 잡고 써내려가기도 합니다. 백 마디 말보다는 부족한 듯 보여도 반쪽 예시가 나을 때가 훨씬 많습니다.

> 2021년 7월 16일 금요일. 맑고 화창하지만 땀이 주르륵
>
> 오늘은 엄마와 놀이터에 갔다. 놀이터에 가니 아는 아이가 몇 명 보였다. 그중에 한 명은 볼 때마다 혼자 노는데, 같이 놀자고 얘기해볼까 하다가 하지 않았다. 나도 혼자 놀다 보니 심심해져서 그 친구가 뭘 하고 있나 쳐다봤다. 그 친구도 심심한지 미끄럼틀 몇 번 타고 놀이터를 돌아다니다가 그냥 가버렸다. 나는 엄마와 놀이터에 남아서 어떤 친구들이 있나 관찰해보았다.
>
> 조금 있으니 어떤 꼬마가 엄마와 같이 왔다. 노란 리본 핀을 하고 막대사탕을 입에 물고 있었다. 나이가 어려서 엄마가 그네를 밀어주었다. 나도 엄마가 그네를 밀어주었는데 지금은 커서 혼자 탈 수 있다. 혼자 탈 수는 있는데 엄마가 그네를 밀어주었던 어릴 때도 참 좋았다. 엄마가 밀어줄 때는 혼자 타고 싶어서 밀지 말라고 말했었는데, 지금은 엄마가 한 번씩 밀어주면 재미있다. 그네가 왔다 갔다 하는 것이 꼭 내 마음 같다.

아이가 저학년이라면 짧고 단순하게 써주면 좋습니다. 다음 예시 정도로도 충분합니다. 편하게 써주세요.

2021년 7월 16일 금요일. 더움

오늘은 엄마와 놀이터에 갔다. 놀이터에 가니 아는 아이가 몇 명 있었다. 한 명은 혼자 놀고, 몇 명은 모래놀이를 하고 있었다. 나도 같이 놀고 싶었다. 혼자 노니까 심심했다.

조금 있으니 어떤 꼬마가 엄마하고 왔다. 꼬마가 어려서 혼자 그네를 못 타니까 엄마가 그네를 밀어주었다. 나도 엄마가 밀어주면 좋겠다고 생각했다. 엄마가 혼자 타고 놀라고 했다. 나는 엄마와 놀고 싶은데, 엄마는 자꾸 혼자 놀라고 한다. 그래서 심심했다.

이왕이면 아이 글보다 수준을 낮추거나 비슷하면 좋습니다. 한껏 실력을 발휘했다간 아이가 주눅이 들지 모릅니다. 부모가 쉽게 술술 써내면 아이는 '아, 글쓰기는 생각보다 어려운 게 아니구나'라고 편하게 여깁니다. 눈높이에 맞춘 글을 보면 아이들은 '어, 이 정도는 나도 쓸 수 있을 것 같은데' 싶어 또 술술 따라옵니다. 아이가 어릴 때 아이 눈높이에 맞춰 유아어로 대화했던 경험을 떠올려보세요. 글도 아이 눈높이에 맞춰 나눠보세요. 부모를 보고 말을 배운 것처럼 부모 글을 보고 자연스럽게 글을 배울 거예요.

05

문장 구조를 익히는 글쓰기
필사와 모방

글에는 자신의 경험, 생각, 감정이 담깁니다. 그러나 일상생활을 하면서 다양한 감정을 느끼고 풍부한 생각을 하기란 쉽지 않습니다. 늘 오가는 등·하굣길, 주로 만나는 사람과의 약속이나 사귐, 매일 보는 가족들과의 짧은 대화 등에서 우리는 반복적이고 일상적인 '대꾸'를 할 뿐이에요. 이것만으로는 조금 부족합니다.

그래서 독서를 권합니다. 책을 읽으면 내가 주인공이 되어 움직입니다. 일상에서는 도저히 만나기 힘든 사람을 만나고 예상치 못한 상황을 맞닥트립니다. 책 속 주인공이 느끼는 감정과 생각을 공유하며 경험을 넓힙니다. 그런 경험이 쌓이면 글쓰기 소재도 많아지고 사고의 폭이 넓어져 글이 깊어집니다.

책이나 영화를 보고 나면 바로 잊히지 않고, 한동안 머릿속을 맴돕니다. 그 과정에서 사색이 일어납니다. 온전히 주인공의 생각과 감정으로 살다가 현실로 돌아와 나라면 어땠을지 생각하게 됩니다. 그렇게 사색이 이어집니다. 사색은 가만히 두어도 스스로 굴러가는 자동차와 같아서 생각의 엔진이 두뇌 속에서 작용하게 되는 일입니다.

아이들 중에는 캠핑이나 여행을 꽤 자주 가는데도 어땠는지 이야기를 들려달라고 하면 할 말이 없다고 하는 아이가 있습니다. 심지어 어디 가서 뭘 했는지 대답하지 못하는 아이도 흔합니다. 아무 생각 없이 보고만 온 경우입니다. 매일 학교와 학원을 오가며 또래와 시간을 보내면서도 친구들 말에 공감을 못하는 아이도 많습니다. 친구가 하는 말을 흘려듣고 내 말만 하는 아이들입니다.

'경험 없는 사고의 공허함'과 '사고 없는 경험의 허무함'은 글에도 고스란히 묻어납니다. 아이들은 간접 경험을 통해서 직접 경험하지 못한 한계를 깨고, 부족한 공감력을 향상할 수 있습니다. 경험과 사고는 함께 굴러가야 하는 자동차 양측의 바퀴와 같습니다.

경험과 체험을 아무리 늘려도 사고와 공감을 하지 않으면 말과 글이 공허해집니다. 일기가 늘 '누구랑 어디를 가서 무얼 먹고 뭘 하며 놀았다. 재미있었다'로 끝납니다. 생각과 감정이 담기지 않으니 복사해서 붙여놓은 글처럼 매일 같습니다. 생각과 감정을 더 깊게 들여다보고 솔직하게 표현할 방법을 찾아야 합니다.

생각과 감정을 어떻게 솔직히 표현할 수 있을까요? 역시 쉽지 않지요? 그럴 때 쓰는 임시방편이 있습니다. 생각과 감정을 들여다보는 연습도 되지만 문장 구조를 익히는 데도 많은 도움이 되는 방법이므로 경험만 늘어놓는 글쓰기를 하는 아이에게 가장 먼저 권하는 방법이자 꾸준히 쓰게 하는 방법입니다.

아이에게 책에서든 신문에서든 문장을 하나 고르라고 합니다. 고른 문장으로 글쓰기 연습을 해야 하니 잘 골라야 한다고 하면 신중하게 고릅니다. 이건 부모님도 함께 해보세요.

다음으로 고른 문장 형식은 그대로 유지하면서 표현만 바꿔보자고 합니다. 최소 서너 문장은 이어 써야 합니다. 이렇게 하면 다섯 줄이 뚝딱 써집니다. 평소 글을 읽을 때 마음에 드는 문장을 줄로 그어두었다가 써먹으면 좋습니다. 예를 들면 다음과 같습니다.

나만 기분이 변덕스러운 것이 아니었다. 클로이도 갑자기 공격을 쏟아붓거나 좌절감을 드러내는 때가 있었기 때문이다.

- 알랭 드 보통 《왜 나는 너를 사랑하는가》 중에서

예 나만 배고픈 것이 아니다. 지수와 철수도 아침을 먹지 못했다. 오전에 너무 바빴기 때문이다.

너만 기분 나쁜 것이 아니다. 나도 갑자기 그런 말을 들으니 기분이 상해서 불쾌해졌기 때문이다.

나만 시험을 망친 것이 아니었다. 내 친구들도 평소보다 점수가 낮게 나와서 울고 있기 때문이다.

나만 잘했다는 것은 아니다. 동생도 열심히 청소했고, 내가 하기 힘든 부분은 엄마가 도와주셨기 때문이다.

다음 순서대로 따라 해보세요. 평소에 적절한 문장을 찾아보는 습관이 더해지면 이 방법은 훨씬 도움이 됩니다.

① 예문을 눈으로 읽어봅니다.
② 눈으로 읽고 소리 내 읽어봅니다.
③ 예시 문장을 따라 적습니다(필사를 하면 천천히 글을 음미하며 읽게 됩니다).
④ 필사한 예문을 다른 표현으로 바꿔 써봅니다.

연습

다음 예문을 앞에서 말한 순서대로 따라 쓰고 표현을 바꿔보세요.

예문 엄마 새는 열심히 나뭇가지를 물어다 날랐어요. 아기 새가 태어나기 전에 아늑한 둥지를 만들어주고 싶었거든요.

따라 적기
엄마 새는 열심히 나뭇가지를 물어다 날랐어요. 아기 새가 태어나기 전에 아늑한 둥지를 만들어주고 싶었거든요.

예 아이들이 열심히 발레 연습을 하고 있었어요. 곧 발표회가 열리기 전에 발레 동작들을 외워둬야 하거든요.

선생님들이 힘들게 강당에 책상을 옮기기 시작했어요. 곧 발표회가 있어서 학부모님들이 오신다고 하거든요.

도전

_____

_____

_____

_____

예문 우리가 집 안에서 비를 피하고, 바람을 피하고, 어둠을 피해 편안히 휴식할 동안, 새들은 어디에서 쉬고 있을까?

따라 적기

우리가 집 안에서 비를 피하고, 바람을 피하고, 어둠을 피해 편안히 휴식할 동안, 새들은 어디에서 쉬고 있을까?

도전

_____

_____

_____

_____

_____

_____

예문 마음에 추억이 눈처럼 쌓인다. 이럴 땐 따뜻한 칼국수 한 그릇 먹으면 참 좋겠다.

따라 적기

마음에 추억이 눈처럼 쌓인다. 이럴 땐 따뜻한 칼국수 한 그릇 먹으면 참 좋겠다.

도전

_____

_____

_____

_____

_____

제가 쓴 문장으로 연습했지만 평소에는 책이나 신문 기사에 실린 문장을 이용하는 게 좋습니다. 필사를 하고 모방을 할 때는 모범 답안으로 시작하는 게 좋은데, 책과 신문 기사에 쓰인 문장은 맞춤법이나 문법이 정확하고 표현도 합격점을 받은 문장이기 때문입니다. 모범 답안 형식에 내 생각만 슬쩍 얹어서 표현하는 연습을 계속하면 올바른 문장 구조, 정확한 문법, 다양한 표현력이 길러집니다. 그러다 보면 어느 순간 자연스러운 문장이 써지는 순간이 옵니다.

정해진 문장을 새로운 문장으로 고치는 연습은 평소 쓰지 않는 영역에서 표현을 이끌어내는 기회가 되어 어휘력을 향상하기에도 좋습니다. 따라 적기(필사)는 문장 형태를 익히고 문장력을 키우는 좋은 방법입니다. 새로운 글을 지어내려면 힘이 듭니다. 누군가 고심하여 잘 써둔 글을 베껴 쓰는 연습만 꾸준히 해도 문장을 어떻게 써야 하는지 알게 됩니다.

부모가 마주 앉아 함께 쓰길 권합니다. 부모가 시범을 먼저 보이면 아이는 더 쉽게 모방하고 선뜻 따라옵니다. 모범 문장을 모방하고 부모 문장을 또 한 번 모방하면서 아이가 성장할 겁니다.

06

시구를 문장으로 바꿔 쓰기
압축 풀기

이건 저만의 비법이라 아무에게도 말하지 않으려 했습니다. 평생 저만 알고 야금야금 빼먹으려고 했거든요. 그만큼 아끼는 방법이자 제 어린 시절 추억이 고스란히 담긴 방법입니다. 제가 한글을 익히기 시작했을 때부터 쓴 방법이라 추억이자 보물이기도 한 방법입니다. 물론 이미 많은 분이 아는 방법일 수도 있습니다. 세상에 나만 아는 비밀은 없으니까요. 도대체 얼마나 대단하기에 이렇게 뜸을 들이나 싶죠?

아, 역시나 입이 쉽게 떨어지지 않네요. 비밀을 털어놓는 순간 다락방에 숨겨둔 비밀 공책 속 한 페이지가 종이비행기로 접혀 쪽창으로 호로록 날아갈 것만 같거든요. 아니, 그렇게 말해주기 싫으면 애초에 말을 꺼내지 말든지 왜 이러나 싶을 겁니다. 알겠습니다. 마음이 바뀌기 전에 꺼내보겠습니다.

제 글쓰기 노하우이자 제가 가장 사랑하는 글쓰기 방법은 바로 '시구를 문장으로 바꿔 쓰기'입니다. 시를 이용해 글쓰기 훈련을 하면 훌륭한 문장을 바로 만들 수 있다고 자신합니다.

이 방법을 짐작하거나 눈치채신 분도 있을 겁니다. 그런데 들어본 적도 있나요? 거의 없을 겁니다. 왜냐하면 많은 사람이 시는 '감히' 건드릴 생각을 못 하거든요. 시인이 아니고서야 시를 요리할 용기를 내는 사람은 제 주변에도 없었어요.

저는 어렸을 때 용감했던 것 같아요. 한글 카드를 들고 가나다를 배울 때부터였으니까요. 그땐 시가 시인 줄 모르고 그냥 예쁜 노랫말이려니 했어요. 그럼에도 시를 보고 반해서 외우고 비틀어 글도 쓰고 노래도 만들고 그림도 그리고 편지도 썼습니다. 물론 그땐 이 방법이 글쓰기 훈련에 도움이 된다는 걸 전혀 몰랐죠.

지금 생각해보면, 당시 저는 이렇게 짧은 문장에 이토록 아름다운 표현을 집어넣을 수 있다는 데 놀랐던 것 같아요. 저는 어릴 적에 다락방을 들락거리며 세계문학 전집을 읽는 걸 좋아했어요. 그 두껍고 무거운 책들 가운데 동시집이 한 권 꽂혀 있었어요. 이미 길고 긴 문학 전집을 다 읽은 터라 오히려 짧은 동시를 보니 감탄사가 절로 나왔어요. 동시는 지금 봐도 맑고 예쁜 표현이 정말 많이 나옵니다. 게다가 한 편이 워낙 짧아 읽기에도 부담이 없지요.

저는 동시에 나오는 단어에 동그라미를 치고 빈 공간에 시를 옮겨 적었습니다. 그렇게 동시집이 너덜너덜해질 때까지 봤어요. 그 덕인지 꽤 많은 어른들에게 표현이 남다르다는 이야기를 자주 들었어요. 돌이켜보면 그때가 지금보다 나았을 겁니다. 요즘은 그때처럼 시를 자주 읽지 않거든요. 읽어야 할 책이 많고, 써야 할 책도 있고, 무엇보다 아이들 수업 준비와 수업을 하는 데 시간이 많이 들어가고, 거기에 더해 육아와 살림을 병행하야 한다는 핑계를 대봅니다. 부모는 다 그렇지 않을까요?

시로 글쓰기 연습을 하면 좋은 초특급 비밀을 알려드릴게요. 이거 말하면 다 말하는 겁니다. 또 다시 호들갑을 떠는 제가 민망하지만 밑줄을 긋고 싶을 만큼 중요한 내용이에요. 그러니 집중해서 읽어주세요.

어휘력이 뛰어나면 글쓰기가 수월해집니다. 어휘력이란 정확히 이해한 어휘를 얼마나 잘 사용할 수 있느냐를 나타내는 능력입니다. 어휘를 정확히 알자면 국어사전을 찾아보는 게 빠르지요. 209쪽에서도 사전으로 글쓰기 실력 늘리는 법을 소개했지만 '사전' 하면 어떤가요? 글자가 많아도 너무 많지요. 글쓰기 연습을 하자며 사전을 가지고 가면 아이들이 화들짝 놀라 도망갑니다. 그래서 놀이처럼 접근하는 방법을 소개했던 거고요.

그럼 어휘는 무엇으로 어떻게 배워야 할까요? 효과적인 대안으로 시집을 추천합니다. 좋은 글을 쓰려면 좋은 어휘를 많이 알아야 합니다. 적재적소에 좋은 표현을 쓰면 글이 훨씬 아름다워지고 풍성해지거든요. 글이 아름다워지는 고급 어휘가 가득 담긴 사전이 바로 '시집'입니다.

시인이 누굽니까? 대대로 아름다운 문장을 지을 줄 아는 사람, 표현의 귀재, 언어의 연금술사 아닙니까? 그분들이 밤새워 고심하고 고심하여 이렇게 바꿨다가 저렇게 바꿨다가 피땀 흘려 고쳐 쓰고 고르고 고른 어휘가 담긴 게 시집입니다. 이런 시집이야말로 어휘의 보물 창고인 셈이지요. 이런 시집을 읽기만 하기엔 너무 아쉬웠습니다. 그래서 아이들과 함께하는 글쓰기 수업에도 활용해보았던 거죠.

그런데 시를 글쓰기 연습하는 데 어떻게 쓴다는 걸까요? 시처럼 짧게 설명해볼게요.

① 마음에 드는 시를 고른다.
② 고른 시를 소리 내 읽는다.
③ 시를 '문장'으로 옮겨 쓴다.
④ 옮겨 쓴 문장을 소리 내 읽는다.
⑤ 끝.

연습

너무 쉽죠? 가벼운 시로 연습해보겠습니다.

〈똥파리〉

파리 파리 똥파리

내 이름은 똥파리

파드닥 날아갈 때 파리채가 휙!

푸드덕 날아갈 때 손바닥이 딱!

뱅뱅 돌다 보니 눈동자가 뱅글뱅글

살랑살랑 바람에도 눈물이 난다.

노랫말처럼 술술 읽히고 재밌어서 아이들도 좋아할 만한 시를 고르면 좋아요. 그럼 이 시를 가지고 순서대로 따라 해보겠습니다.

① 마음에 드는 시를 고른다. → 우리는 〈똥파리〉를 골랐죠?

② 고른 시를 소리 내 읽는다. → 〈똥파리〉를 낭독합니다. 동시는 소리 내 읽으면 노랫말처럼 리듬감도 생기고 아름다운 '말소리'가 더 잘 들립니다.

③ 시를 '문장'으로 옮겨 쓴다. → 다음과 같이 써봅니다.

내 이름은 똥파리다. 사람들은 나를 똥파리라고 부른다.

파드닥 날아갈 때 갑자기 파리채가 휙! 하고 지나갔다.

겨우 피했더니 손바닥에 딱! 맞을 뻔했다. 큰일 날 뻔했다.

하루 종일 뱅뱅 돌아다녔더니 눈동자가 뱅글뱅글 도는 것 같다.

바람이 살랑살랑 부는데 눈물이 난다.

사람들은 나만 보면 싫어한다. 그래서 눈물이 난다.

④ 옮겨 쓴 문장을 소리 내 읽는다. → ③에서 쓴 문장을 읽어보라고 하면 아이들이 굉장히 즐거워합니다. 동시를 이미 읽어봐서 내용은 다 아는데, 자신이 바꿔 쓴 문장을 읽으니 재미도 있고 뿌듯한 감정이 밀려오기 때문입니다.

동시는 요리로 치면 요리에 필요한 모든 재료를 한꺼번에 담아둔 '재료 상자' 즉, '밀키트(MealKit)'와 비슷합니다. 빠르고 쉽게 맛있는 요리를 만들 수 있기 때문에 요리에 재미를 붙여 정식 요리로 나아갈 수 있는 발판이 되기 때문입니다.

아이들도 마찬가지입니다. 시를 이용하면 준비된 어휘를 이용해 훌륭한 문장을 뚝딱 만들어냅니다. 자신이 써낸 문장을 보고 읽으면서 감탄사를 내지르는 아이도 있습니다. 대개는 "오! 나 글쓰기에 재주가 있나 봐. 너무 잘 쓴 거 아냐?" 하며 흐뭇해합니다.

⑤ 끝. → 어때요? 너무 쉽고 재미있겠죠?

~~~~~~~~~~~~~~~~~~~~~~~~~~~~~~~~

동시를 고르기가 어렵다면 우리가 많이 아는 동요로 연습해도 좋습니다. 어른들이 보기엔 그게 그거 같지만 학교에서 이미 '동시'를 배운 아이들은 동시를 어렵게 생각합니다. 뭔가 각 잡고 쓰는 글쓰기로 여기는 것 같아요. 그럴 땐 누구라도 편하게 여기는 동요로 접근하는 게 좋습니다. 동요로도 한번 연습해볼까요?

① 마음에 드는 동요를 고른다.
② 고른 동요를 소리 내 읽는다.
③ 동요를 '문장'으로 옮겨 쓴다.
④ 옮겨 쓴 문장을 소리 내 읽는다.
⑤ 끝.

연습

우리가 너무 잘 아는 〈코끼리〉와 〈얼룩송아지〉로 연습해보겠습니다.

〈코끼리〉

코끼리 아저씨는 코가 손이래
과자를 주면은 코로 받지요
코끼리 아저씨는 소방수래요
불나면 빨리 와 모셔가지요

다음과 같이 바꿀 수 있습니다.

코끼리에게 과자를 주면 코로 집어서 먹습니다. 코끼리는 물을 뿜을 수 있는 긴 코를 가지고 있어 불이 났을 때 소방관 대신 불을 꺼줄 수 있습니다.

아이들도 몇 번 해보면 짧은 시를 긴 문장으로 바꿔 쓰기도 합니다.

〈송아지〉
송아지 송아지 얼룩송아지
엄마 소는 얼룩소 엄마 닮았네

다음과 같이 바꿀 수 있습니다.

송아지를 보았다. 송아지가 얼룩송아지였다. 엄마 소를 보았다.
엄마 소가 얼룩소였다. "음매음매" 송아지
　　송아지가 우니까 엄마 소가 "음매" 했다. "음매음매" 엄마 소
　　엄마 소가 우니까 송아지도 따라서 "음매" 했다.
　　엄마 소도 "음매", 송아지도 "음매". 송아지는 공부 안 해서 좋겠
다. 왜 공부를 안 해, 송아지는 "음매" 하는 게 공부다.

아이들은 재미있기만 하면 놀랄 만큼 빠르게 습득합니다. 처음에는 어휘를 이용해 문장 만들기만 했던 아이들이 어느 순간 문장을 쭉쭉 늘리고 어휘도 감쪽같이 바꿔내고 원래 글을 한참 뛰어넘는 글을 쭉쭉 만들어내는 걸 보면 신기할 정도입니다.

재료(어휘) 판만 깔아줘도 아이 글은 순식간에 바뀝니다. 그렇게 글쓰기에 재미를 붙이면 모방을 거치지 않고도 창작이 쭉쭉 일어나고, 아이들 스스로 새로운 모방을 찾아내 한층 더 성장합니다.

저학년 아이라면 외출할 때, 병원 대기실에서 지루함을 견뎌내야 할 때, 식당에서 음식을 주문하고 기다릴 때, 차 안에 꼼짝없이 갇혀 심심할 때 부모와 돌아가며 문장 짓기를 해보세요. 글짓기가 생활 속에서 할 수 있는 재미있는 놀이가 되기도 합니다. 아이들은 어릴수록 안 해본 걸 어렵다고 말합니다. 자주 해보면 잘하건 못하건 쉽다고 여깁니다. 처음부터 아이에게 시를 골라보라고 하면 힘들 수 있으므로 부모님이 미리 적당한 시를 골라 모아두세요. 필요할 때 꺼낼 수 있는 파일집이 있다면 좋습니다.

고학년 아이라면 어른들이 읽는 시로 시작해도 좋습니다. 어른 대접을 해준다고 여기는 건지 오히려 좋아합니다. 이럴 땐 "너 정도면 어른들이 읽는 시로 해봐도 충분히 잘할 것 같아"라는 말을 덧붙여주면 좋겠지요. 아이들이 좋아해서이기도 하지만 성인 시를 이용하면 좋은 점이 꽤 많습니다.

① 아이들이 앞으로 배워야 할 어휘가 많이 담겨있습니다.

② 중등 과정에서 익힐 철학적 사고 훈련을 미리 경험할 수 있습니다.

③ 동시는 반복어가 많이 쓰이고 비교적 짧게 끝나는 데 비해 성인 시는 '문장 형태'가 많습니다. '함축적이고 정교한 표현법'을 배울 수 있습니다.

고학년 아이라면 성인 시뿐만 아니라 가요나 랩으로 확장해도 좋습니다. 가요나 랩에는 문법이 파괴된 형태나 비속어가 많아 조심스럽긴 하지만 생각보다 좋은 가사도 많으니 잘 찾아보세요. 오히려 요즘 이야기를 잘 풀어놓은 것들이 많아 아이들이 더 즐겁게 바꿔나가기도 합니다.

아이가 관심 있어 하는 분야로 넘어가도 좋습니다. 긴 글로 넘어가고 싶을 땐 언제나 관심사가 우선입니다. 아이가 좋아하고 관심 있어 하고 즐겨 듣거나 보는 게 있다면 그게 최고의 재료입니다. 과학을 좋아하는 아이라면 과학, 만화를 좋아하는 아이라면 만화, 그림을 좋아하는 아이라면 그림, 이밖에도 여행, 요리, 수학, 한자, 춤, 연예인 등 자연스럽게 넓혀갈 수 있습니다.

엄청난 비밀을 알려드렸지만 그래도 아쉬워할 분이 있을 겁니다. 그래서 앞으로 나아갈 수 있는 방법을 준비했습니다. 어렵지 않으니 차근차근 따라 해보세요.

① 연습한 시에 사용된 형용사, 동사, 부사, 반복어, 주요 단어 등

을 따로 모아 적습니다.

예 잊어버리다, 맹세하다, 모이다, 근심하다, 언덕, 꾸준히 등

② 따로 모은 단어를 모아 글(시, 동화, 수필 등) 한 편을 적습니다.

③ 모르는 단어는 국어사전에서 뜻을 찾아보고 활용해봅니다.

④ 마음에 드는 표현이나 어휘는 입으로 되뇌어둡니다. 평소에 말을 하거나 글을 쓸 때 일부러 외운 표현과 어휘를 활용해봅니다.

07

남이 쓴 글을 보고 이어 쓰기
덧글과 댓글

글쓰기의 기본 순서는 변함이 없습니다. ①생각하기 → ②말하기 → ③글쓰기(단숨에 쭉 쓰기) → ④쓴 글 읽기 → ⑤생각하기 → ⑥수정하고 보완하기 → ⑦완성한 글 소리 내 읽기 → ⑧매끄럽게 다듬기입니다.

아이들에게 꼭 쓴 글을 소리 내 읽어보라고 해야 합니다. 어린아이도 자신이 쓴 글을 읽으면서 자연스럽게 어디를 고쳐야 할지, 어디가 매끄럽지 않은지, 어디에서 글이 힘을 잃었는지, 어디가 문맥에 어울리지 않는지 알아챕니다. 군이 지적하고 말하지 않아도 되는 이유입니다.

다섯 명 중 두세 명은 읽다가 멈추고 누가 볼세라 쓱쓱 지워 고친 다음 읽기를 이어갑니다. 나머지 한두 명은 다 읽은 다음 시간을 들여 고치고 중얼거리고 또 고치며 수정하길 거듭합니다. 이 정도면 괜찮다 싶을 때까지, 마음에 들 때까지 반복합니다.

읽고 고치기를 하지 않고 처음 쓴 대로 공책을 덮어버리면 그 글은 자신이 보기에도 불편한 글이 됩니다. 그런 글에 애정이 생길 리 없습니다. 더 좋은 글을 쓰려면 쓴 글에 애정이 생겨야 합니다. 다듬고 다듬어서 내 생각과 마음이 솔직하게 담겨야 애정이 생깁니다. 물론 아이들은 안 하려고 하지만 조금이라도 좋으니 한 번만 더 고쳐보자고 어르고 달래는 이유입니다.

고치기만큼 중요한 게 또 있지요. 바로 생각하고 말하기입니다. 생각하고 말하기를 거치지 않고 바로 쓴 글은 어딘가 모르게 허술합니다. 생각과 마음이 확실하지 않은데 일단 쏟아낸 탓입니다. 재료를 마련하지 않은 채로 요리를 시작한 것과 같습니다. 노련한 요리사라면 있는 재료만으로도 요리를 뚝딱 만들어내겠지만 아이들에게 능수능란을 바랄 순 없습니다. 더욱이 글쓰기에 관심조차 없는 아이들에게 기대할 순 없는 일입니다.

글쓰기 수업을 할 때는 한 가지만 생각합니다. '내 생각을 말하고 글로 표현할 수 있게 하자'입니다. 글쓰기 수업에는 말하기가 서툰 아이와 글쓰기가 미숙한 아이가 많이 찾아옵니다. 그런 아이들에게 시간을 충분히 주어 책을 차근차근 읽도록 돕고 수월하게 글을 쓰게 하고 싶습니다. 하지만 일주일에 한 번 만나서는 쉽지가 않습니다. 나름대로 많이 준비한다 해도 그 시간만으로는 충분치 않습니다. 그래서 수업을 마칠 때 아이들에게 집에서 책을 꾸준히 읽어오라고 당부하고 당부합니다.

또 하나 목표가 있는데 그건 바로 아이들이 글쓰기 수업을 할 때만큼은 '재미있다'라고 생각하게 하는 겁니다. 이건 저희 집 아이들에게도 적용하는 포인트입니다. 그래서 최소 3번은 웃기려고 노력합니다. 웃어야 마음이 열리고, 마음이 열려야 생각이 열리고, 생각이 열려야 입이 열리고, 입이 열려야 글이 열리니까요. 아이도 사람인지라 마음이 열리고 편안한 상대와 함께여야 말과 글을 나눌 수 있습니다.

아이들은 어느 순간 자기도 모르게 수업이 재미있다고 말합니다. "세상에! 글쓰기 수업이 재미있다고? 도대체 언제부터 그런 거니?"라고 물으면 자기가 생각해도 좀 어이가 없다는 듯 웃습니다. 그럴 때 "그렇지, 지금 우리는 너무 재밌지?"라고 말하면 아이는 또 함박웃음을 보여줍니다. 우리는 그때 비로소 친구가 됩니다. 제가 더 잘하고 싶듯 아이도 더 잘하고 싶고 더 인정받고 싶어 합니다. 그 마음이 전해져 가슴이 찡해지고 눈물이 나기도 합니다.

첫 수업에서 죽상을 짓고 앉아서 허리도 안 펴던 아이가 눈을 반짝이며 "저요! 저요!"를 외치고 한 번이라도 더 발표하려고 할 때, 세 줄을 겨우겨우 힘겹게 써내던 아이가 "한 쪽 정도는 써야죠?"라며 짐짓 여유를 부릴 때, 오늘은 뭘 써야 하느냐며 인상을 쓰던 아이가 소재며 제재며 주제까지 나열하면서 "선생님, 이렇게 쓰면 괜찮겠지요?" 할 때 저는 뭉클합니다.

기어가던 아이가 첫걸음을 뗐을 때, "엄엄" 하던 아이가 "엄마"라고 분명하게 말할 때, 축축한 기저귀를 달고 다니던 아이가 쉬를 하겠다며 기저귀를 가리킬 때 느꼈던 감격이 글쓰기 수업에서도 똑같이 일어납니다.

연필과 지우개도 안 가져오던 아이가 필통에 쓰기 편한 연필을 꽉꽉 채워올 때, 글쓰기 공책을 깜빡했다며 A4 용지에 대충 글을 써오던 아이가 공책에 한가득 글을 써올 때마다 감격스럽고 늘 이 아이들과 함께하고 싶습니다. 그럼에도 매번 생각하고 말합니다.

"언제까지 선생님과 수업을 할 순 없어. 선생님이 없더라도 글쓰기, 말하기, 생각하기, 책 읽기가 재밌을 수 있도록 선생님과의 시간을 기억해주길 바라. 혼자서도 할 수 있도록 우리는 노력해야 해. 그게 우리의 최종 목표야, 알지?"

혼자서도 충분히 재미있게 글쓰기를 이어나갈 수 있다는 걸 세뇌시킵니다. 너라면 충분히 잘할 수 있을 거라고 말해줍니다. 아이들은 그때마다 '나는 선생님 없이도 재미있게 책 읽고 생각하고 말하고 글 써야지. 나는 잘할 수 있어. 선생님과 함께했던 것처럼 꾸준히 하면 돼'라고 생각합니다. 그렇게 아이들은 글쓰기에 자신감을 늘려갑니다.

글에 자신이 없으면 논리가 서지 않습니다. 읽는 사람도 힘없는 글은 바로 알아보고 외면합니다. 글을 제대로 쓰려면 이론과 방법을 가르쳐야 합니다. 그다음은 자신감입니다. 자신감을 갖게 하기 위해 제가 내린 처방은 '다른 사람의 의견에 글을 이어 쓰기'입니다.

이미 다른 사람이 써둔 글이 있어서 많이 쓰지 않아도 됩니다. 내 생각을 조금만 붙여도 분량이 채워지고 글에 완성도가 높아져 성취감이 생깁니다. 게다가 타인의 글이지만 완성도 높은 글을 한참 읽어야 하기에 글의 구조를 보는 눈도 키워집니다. 이름하여 '남이 쓴 글에 젓가락 얹기'입니다.

연습

다음은 어린이 조선일보 2019년 9월 5일 기사입니다. 글을 읽고 상황을 파악해보세요. 어떤 상황인지 자유롭게 말해보세요.

학생들은 모두 머리에 누런 종이 상자를 쓰고 시험을 봤다. 일부 학생이 쓴 상자 앞에는 구멍이 뚫려 정면을 볼 수 있지만, 대부분 학생의 상자에는 구멍이 따로 없어 아래만 겨우 내려다볼 수 있었다. 이날의 사진은 소셜미디어에서 빠르게 퍼지며 "아동 학대가 아니냐"는 비판이 제기됐다.

담임교사인 루이스 후아레스 텍시스는 "유쾌한 방식으로 커닝을 막기 위해 생각해낸 활동"이라며 "학생들도 모두 동의했다"고 밝혔다. 학부모들은 "아이들에 대한 인권 모독"이라며 반발하고 나섰다. 이들은 "학생들이 굴욕감을 느꼈을 것"이라며 "이는 명백한 신체적, 정서적 폭력"이라고 주장했다. 또 공동 성명서를 내고 교육 당국에 이 교사를 즉각 파면하라고 요구했다.

학교의 미온적인 대처에 논란은 더욱 거세질 전망이다. 학교 관계자는 "나중에 재밌는 추억 정도로 기억할 일"이라고 말했다.

기사에서 자신의 생각과 일치하는 표현을 골라 밑줄을 그은 뒤, 그 주장에 맞춰 자신의 생각을 이어서 글로 쓰세요. 최소 5문장 이상 씁니다. 3줄은 짧고, 5줄 정도 쓰려면 1~2줄을 더 채우기 위해서 열심히 '생각'이라는 것을 해야 하니까요.

한 편의 시에 자신의 글을 덧대어서 글을 완성할 수도 있습니다.

〈꿈〉

어젯밤 꿈에 보인 엄마 얼굴

해가 뜨면 같이 놀자 약속했지요

잠결에 만난 아빠 얼굴

우리 아기 잠든 얼굴 보고 일하러 간다 했지요

오늘 밤 꿈에는 우리 다 같이

놀이터에서 신나게 놀고 싶어요

시 마지막 절에 이어서 꿈에 대한 시를 써보세요.

다른 사람이 쓴 글에 자신의 글을 이어 쓰려면 이미 써진 글의 내용, 방식, 수준에 신경을 쓸 수밖에 없습니다. 자기도 모르게 비슷한 모양으로라도 흉내 내는 글을 쓰려 애를 씁니다. 글을 쓰라고 말하는 사람이 선생님이 아니라, 그 순간만큼은 학생 자신의 마음이 됩니다.

평소에 하지 않던 생각의 영역과 표현 영역에 발을 담가보면 아이들은 다른 글을 쓸 기회가 생길 때 그 경험을 꺼내 활용합니다. 그래서 다양한 방식으로 생각하고, 말하고, 글로 쓰는 연습이 중요합니다. 다른 사람이 쓴 글에 이어서 쓰는 훈련은 모방으로부터 창조로 나아가게 합니다. 처음엔 이어서 썼을 뿐인데 쓰다 보니 자신의 글이 됩니다. 글을 통해서 그런 성취감을 느끼는 경험이 꼭 필요합니다.

08

사진(그림)을 보고 상상해서 쓰기
추론과 상상

처음 글쓰기를 할 때는 생활 글쓰기와 주제 글쓰기로 시작하다
어느 정도 글쓰기에 능숙해지면 생각하는 글쓰기와 상상하는 글쓰
기로 넘어갑니다. 잘 쓰던 아이인데 생각하는 글쓰기와 상상하는 글
쓰기를 유독 힘들어하는 아이들이 있습니다. 뭔가 기발한 생각과 기
상천외한 상상력이 발휘되어야 한다는 압박을 느끼는 듯 보입니다.
생각하고 상상하는 걸 너무 어렵게 여기는 것 같습니다.

그럴 땐 조금 단순하게 생각하라고 말합니다. 책 미리 보기나 영
화 예고편을 보고 다음 이야기를 짐작하는 것도 상상하기라고 이야
기해줍니다.

물론 이마저도 힘들어하는 아이도 있습니다. 책이나 영화는 스토리입니다. 스토리를 구성하는 건 어른에게도 쉬운 일이 아니니까요. 그럴 때 활용하기 좋은 게 있는데 그건 바로 신문입니다.

신문을 활용하라고 하면 다들 어렵게 생각하는데 오히려 쉽습니다. 신문에는 일단 짧고 단편적이며 다양한 이야기가 담겨 있습니다. 세상을 살아가는 데 요긴한 정보가 풍성하게 담겨 있고요. 저는 아이들에게 신문을 '지구 안내서'라고 말합니다. 지구 생활을 하는데 이만큼 확실한 가이드가 없다고 알려주는 거죠. 그래서 부모님이나 아이들에게 꼭 신문을 구독해달라고 말합니다. 매일 오는 신문이 부담스럽다면 한발 양보해서 잡지도 좋습니다.

저도 어릴 때부터 신문을 보고 자랐습니다. 그래서인지 책보다 신문이 더 편하고 재밌을 때가 있습니다. 요즘 세상에 일어난 일이 가득 담겨있지만 몇 쪽 되지 않고 종이도 가볍습니다. 막 구기고 자르고 낙서를 해도 되니 마음도 편합니다. 책과 달리 관심이 가는 내용만 읽어도 아무도 뭐라 하지 않습니다. 바쁜 날은 안 읽고 넘어가도 되고요.

글쓰기 수업에는 어떻게 활용하면 좋을까요? 무궁무진하지만 가장 쉽게 할 수 있는 건 보도 사진(그림)을 보고 상상해서 쓰기입니다. 미국 44대 대통령 버락 오바마가 쓴 《내 아버지로부터의 꿈》에도 등장하는 방법인데, 책에는 '보도 사진을 볼 때는 사진 설명을 읽지 않고 사진 내용이 어떤 건지 맞히는 놀이를 혼자서 했다'라고 나옵니다. 별거 아닌데 왜 이걸 몰랐나 싶죠? 그럼 해보는 겁니다.

신문에 실린 사진을 보면서 기사 내용을 상상하는 겁니다. 인터넷 뉴스 기사에 실린 이미지를 활용해도 좋습니다. 사진에 등장한 사람과 장소와 상황을 눈여겨보는 겁니다. 그리고 어떤 기사이기에 이 사진을 쓴 건지, 무얼 주장하려는 건지, 무슨 일이 더 벌어질 건지, 누구에게 일어난 일인지 등을 짐작해보는 겁니다. 여러 명이 함께하는 수업에서는 별별 이야기가 다 나옵니다. 혼자 상상해보라고 해도 이왕이면 맞히고 싶은 마음에 조그만 뇌를 풀가동합니다.

연습

다음과 같은 그림을 보여주는 겁니다. 여러분도 한번 맞혀보세요. 도대체 무슨 기사에 딸린 그림일까요? 기사는 무슨 내용을 전하고 싶은 걸까요?

아이에게 그림을 보여줄 때는 다음과 같은 질문을 던져주세요.

- 무슨 내용일까?
- 아이는 무엇을 하고 있는 걸까?
- 아이 생각이나 마음은 어떨까?
- 왜 이런 일이 일어났을까?
- 무엇을 말하려는 기사일까?
- 그림을 처음 봤을 때의 느낌은 어땠어?

어떤가요? 바로 짐작했을 수도 있고, 조금 시간이 걸렸을 수도 있어요. 그럼에도 아이들보다는 쉽게 맞혔을 거예요. 아이들은 세상에 대한 경험치가 많지 않습니다. 그러니 쉽지 않지요. 그래도 놀이처럼 느껴서인지 즐겁게 참여하는 걸 보면 경험치를 뛰어넘는 호기심과 긍정에 박수를 보내곤 합니다.

일단 아이들 생각을 말로 해보게 합니다. 반복하지만 제 글쓰기 수업은 '먼저 생각할 시간을 주고 말로 표현하기'가 시작이에요. 충분히 사진(그림)을 보고 '어떤 내용을 설명하려는 것일까'를 생각한 뒤, 나라면 이 사진을 놓고 어떤 글을 쓸 것인지 정하게 합니다. 그리고 대화를 나누고, 생각을 주고받은 뒤, 글로 써보게끔 시간을 줍니다.

중요한 것은 모든 과정을 스스로 하게 하는 겁니다. 서투르면 서툰 대로, 생각나지 않으면 생각나지 않는 대로 하게 합니다. 하다못해 사진 속에 뭐가 보이는지 단어라도 말하게 합니다. 그런 단계를 거치고 나서 단어나 문장을 엮어 표현하는 글쓰기를 연습하면 어렵잖게 할 수 있습니다.

물론 지도 방식에 따라 자연스러운 흐름으로 연결될 수도 있고, 그조차 또 하나의 수업으로 딱딱하게 느낄 수도 있지만, 글쓰기 연습이 필요할 때 활용할 수 있는 교재로 이만큼 좋은 재료도 드뭅니다. 어른들과 달리 아이들은 호기심이 가득하기 때문에 적극적으로 참여합니다. 글쓰기 수업을 재밌게 하기 위해 선생님이 놀이를 준비했다고 여기지 글쓰기 수업 과정이라고 여기지 않습니다. 일단 답을 맞히고야 말겠다는 열정으로 치열하게 경쟁하기도 합니다.

이런 과정을 통해 아이들은 우리가 살아가는 시대를 알아가고, 사회 구성원으로서 어떻게 살아야 하는지를 배우고, 타인에게 관심을 가집니다. 나에게 집중된 관심이 타인과 사회로 뻗치게 하는 데 신문만큼 좋은 재료도 없습니다.

그래도 부모 입장에서는 신문 특유의 딱딱함이 부담스럽게 느껴질 수 있습니다. 이 부분은 걱정하지 않아도 됩니다. 20년 가까이 글쓰기 수업에 신문을 활용해봤지만 부담스러워하는 아이는 없었습니다. 오히려 책이 주는 중압감에서 벗어날 수 있어서 좋아하는 듯 보였습니다. 어른들이 생각하는 신문과 아이들이 바라보는 신문은 무게가 다릅니다. 아이들은 신문을 가볍고 편하게 여깁니다.

생각보다 많은 아이들이 뉴스를 굉장히 좋아합니다. 저보다 먼저 아이들이 이슈를 이야기할 때도 많습니다. 글쓰기 수업에 좀 일찍 온 아이들끼리 무슨 일이 일어났는데 들었느냐며 설명해주는 모습을 자주 봅니다.

얼마 전에는 '전기 차 업체 테슬라의 최고경영자인 일론 머스크가 비트코인으로 결제하는 걸 막은 이유'에 대해 아이들끼리 이야기를 하더라고요. 아이들은 '오늘'을 살며 '현재'를 나누는 걸 좋아합니다. '오늘과 현재'를 가장 잘 보여주는 건 뉴스고, 그 뉴스를 조금 깊게 다뤄주는 게 신문이다 보니 관심을 가지고 편하게 여깁니다.

수업에서 신문을 활용할 때는 가볍게 이런 인사를 나눕니다.

"지난주에 내가 모르는 사이에, 내가 먹고 자고 놀고 숙제하는 동안 이 세상에 어떤 일들이 일어났었는지 지금부터 한번 볼까?"

이 말을 하면 아이들은 압니다. 의자를 책상 앞으로 바짝 당기고 곧 나올 사진을 기다립니다. 그 순간을 놓치지 마세요. 우리 아이들의 머릿속에서 뇌신경 세포들까지도 즐거운 마음으로 초집중하는 순간이니까요. 실제로 저는 그런 환상적인 느낌을 자주 받습니다. 아이들의 뇌세포가 몽글몽글 퐁퐁 반응하는 모습이 눈에 보이고 귀에 들리는 듯해요.

시사에 관심을 갖기에 신문만 한 게 없다는 걸 알아도 선뜻 내키지 않을 수 있습니다. 폭력적이고 자극적인 소식을 굳이 알게 하고 싶지 않기 때문입니다. 걱정을 충분히 이해합니다. 그럴 땐 어린이 신문이나 잡지를 이용해도 됩니다. 부모가 내켜 하지 않는 상태로 아이에게 권하지 않길 바랍니다.

아이가 고학년이라면 뉴스를 함께 보면 좋습니다. 폭력적이고 심각한 소식은 뉴스 중반부에 나오므로 초반부만 함께 보면 우려도 덜합니다. 함께 보는 신문과 뉴스는 아이와 나눌 수 있는 또 다른 이 야깃거리가 됩니다.

그러고 보니 앞에서 본 그림의 기사 내용을 알려드려야 하는데 깜빡했습니다. 물론 앞의 그림은 신문에 실린 기사를 읽고 중학생인 제 아이가 새롭게 그린 것입니다. 세계일보 2019년 9월 13일 기사로 제목은 "'할 일이 너무 많아서'… 쳇바퀴에 갇힌 아이들"입니다. 기사 헤드라인은 "초중학생 절반이 학원 2개 이상 다닌다/10명 중 1명은 4개 이상 다녀"입니다.

사진 또는 그림을 보고 기사 맞히기는 이외에도 다양하게 활용할 수 있습니다. 예를 들면 다음과 같습니다. 사진과 기사를 여러 개 준비하면 더 재미있어집니다.

① 발표하고 싶은 사진을 고르고 3분 스피치하기
② 사진에 맞는 기사와 짝 맞추기
③ 사진 보고 제목 지어보기
④ 사진 보고 기사를 직접 써보고 기사 원문과 비교하기

사진을 활용한 놀이를 하려면 부모가 먼저 사진과 기사 내용을 검토해서 내 아이에게 적절한 내용인지 선별하는 안목을 키워야 합니다. 당연히 조금만 시간을 내면 어렵지 않게 할 수 있습니다. 우선

순위는 부모 눈에 흥미로운 기사입니다. 나에게 흥미롭다면 아이에게도 흥미로울 확률이 높으니까요.

주의점도 있습니다. 아이에게 가르치고 싶은 내용이 아니라 아이가 관심을 가질 만한 유의미한 주제여야 하고 시의적절한 주제라야 합니다. 이 역시 어렵지 않습니다. 종이 신문이 오면 그때그때 눈에 띄는 사진과 헤드라인을 알맞게 잘라 바구니에 던져둡니다. 아이들이 아무 때고 꺼내볼 수 있게 하면 됩니다. 때로는 질문을 하기도 하고 자신의 생각을 던지기도 할 겁니다. 정성을 다하지 마세요. 그럴수록 아이는 부담스러워합니다. 대충 잘라서 넣어주세요.

종이 신문을 안 보는 집이라면 인터넷 기사를 인쇄해도 좋습니다. 이왕이면 아이들이 흥미를 갖도록 컬러로 인쇄하면 좋겠지요. 다만 기사를 인쇄하면 각진 A4 용지에 나오므로 아이도 각 잡고 읽어야 하나 싶어 조금 부담스러울 수 있습니다. 반대로 오히려 편하게 생각하는 아이도 있으니 알맞은 방법을 선택하면 됩니다.

실제로 수업할 때 진행한 예를 살펴보겠습니다. 문서 양식이나 내용은 자유롭게 만들면 됩니다.

실습 문제

발표하고 싶은 사진을 선택해서 3분 동안 스피치해보기

기사를 읽고 아이가 이해한 만큼 말로 해보라고 합니다. 기사를 읽고 난 다음 소감을 덧붙이라고 하면 더 좋습니다.

일론 머스크가 세운 민간 우주탐사 기업 스페이스X가 지구 궤도를 돌 수 있는 여행 상품을 출시한다. 주요 외신들에 따르면 스페이스X는 스페이스 어드벤처스와 협약을 맺고 여행 상품을 4명에게 제공할 계획이다. 이에 따라 탑승객들은 이르면 내년 후반 발사 예정인 유인 우주캡슐 크루 드래곤을 타고 최장 5일간 지구 표면에서 약 1367km 떨어진 상공에서 지구 궤도를 따라 우주를 여행하게 된다.

@SpaceX

이 높이는 국제우주정거장(ISS) 고도의 2~3배에 해당하는 수준이다. 크루 드래곤은 스페이스X가 미국항공우주국(NASA)의 우주비행사를 국제우주정거장(ISS)으로 보낼 때에도 사용할 우주캡슐이다. 스페이스X는 달 여행 상품 등은 이미 예약까지 받았다.

- 소년한국일보 2020년 2월 21일

내가 만일 스페이스X를 타고 우주여행을 간다면 누구와 함께 가고 싶은지, 이유는 무엇인지, 우주에 간다면 어떤 것을 알아 오고 싶은지 등을 생각해봅니다. 3분 동안 발표할 내용을 정리해봅니다.

6학년 진우는 다음과 같이 발표했습니다.

"저는 스페이스X에 대해 말해보겠습니다. 스페이스X는 일론 머스크가 만든 우주탐사 기업인데 사람들이 우주여행을 갈 수 있도록 상품화했어요. 그래서 4명에게 이 특별한 여행을 제공하겠다고 발표했답니다. 저도 가보고 싶어요. 물론 이렇게 여행을 가려면 엄청난 돈이 필요하기 때문에 가고 싶다고 다 갈 수 있는 건 아닙니다. 하지만 우리가 자라서 어른이 되면 그때는 세상이 어떻게 바뀔지 모르고 어떤 식으로든 기회가 올지 모릅니다.

저에게 기회가 온다면 저는 망설이지 않고 갈 것입니다. 갈 때 저는 강아지를 데려가고 싶어요. 강아지에게도 우주를 보여주고 싶고, 강아지가 어떻게 반응하는지도 궁금하니까요. 저는 조금 무서울 수도 있으니까 강아지를 품에 꼭 안고 우주선 창밖을 통하여 우주에서 지구를 바라볼 것입니다. 우주에서 바라보는 지구는 영화를 통해서 여러 번 봤지만, 실제로 보면 너무 멋질 것 같고 감격해서 눈물이 나올 것 같아요. 그런 날이 꼭 왔으면 좋겠습니다."

아이들이 이렇게 말을 잘합니다. 대뜸 '우주여행'에 대한 생각을 말하라고 하면 결코 할 수 없을 말입니다. 이렇게 조금만 방법을 바꾸면 술술 이야기를 해내는 아이들입니다. 신문이나 잡지에는 이야기를 꺼내기 좋은 사진이 무궁무진합니다. 익숙해지면 스피치 시간을 5분으로, 다시 10분으로 늘려갈 수 있습니다.

각 신문사 홈페이지에 가면 어린이를 위한 NIE(Newspaper In Education, 신문 활용 교육)를 찾을 수 있습니다. 보기 편한 몇 곳을 골라두고 필요할 때마다 찾아보면 좋습니다. 아이가 좋아할 만한 기사가 많을 거예요. 책을 읽고 표현하는 것보다 훨씬 부담 없이 다가가는 아이의 눈빛을 볼 수 있을 겁니다. 단, 강요하거나 평가하는 것은 금물입니다. 그저 재미있게 이야기를 나누는 수단으로 이용하길 권합니다.

편집을 잘하는 부모라면 신문을 짧게 편집해서 보여줘도 좋습니다. 아이가 읽기 편한 글로 바꿔도 좋고, 글만 있는 기사라면 적당한 사진이나 그림을 넣어주면 더 좋습니다. '세상에 존재하는 재미있는 이야기'를 소개한다는 기분으로 편집해주세요.

아이에게 테스트하듯 시키지 말고 부모와 함께 이야기를 나누는 용도로 써주세요. 이미 아이들은 너무 많은 테스트에 시달리고 있고 평가받고 있습니다. 부모까지 더하지 말아주세요.

사진으로 재미있는 놀이를 할 수 있어요. 아이가 재미있으려면 당연히 아이 관심사여야겠지요. 공룡을 좋아하는 아이라면 공룡 사진이 보일 때 시작해보세요. 공룡 관련 기사를 읽고 글을 쓰게 해도 좋지만 동시 짓기, 공룡 카드 만들기, 공룡에게 편지 쓰기도 좋습니다. 특별히 오늘은 공룡 노래를 하나 지어달라고 해도 괜찮고, 수업을 마치고 공룡 인형 놀이를 해도 좋습니다. 아이가 오늘 수업을 즐겁게 기억할 수 있는 거라면 무엇이든 좋습니다. 즐거운 글쓰기 기억을 만들어주는 것이야말로 글쓰기를 늘리는 가장 훌륭한 방법입니다.

글쓰기와 상관없어 보이는 놀이라도 놀이를 하면서 아이는 엄청난 말을 쏟아낼 겁니다. 좋아하는 주제라면 누가 시키지 않아도 떠들어대는 게 아이들이니까요. 그런 신나는 경험과 말과 감정이 나중에 글쓰기를 늘려줄 겁니다. 신나는 놀이야말로 '글 곳간'이라고 하는 이유입니다.

아이들은 자신이 하고 싶은 무언가를 만들면서 수많은 이야기를 나눕니다. 자신이 좋아하는 공룡, 자신이 갖고 있는 공룡 등 공룡에 대해 알고 있는 여러 가지 잡학다식 이야기들을 줄줄 꺼냅니다. 가장 좋은 것은 아이들이 '웃으며 이야기한다'는 점입니다.

가만히 있으면 이런 이야기들을 끄집어낼 기회가 별로 없지만, 부모가 멍석을 깔아준다면 아이는 그 멍석 위에서 마음껏 뒹굴고 자신이 할 수 있는 모든 것을 보여줄 겁니다.

다음은 공룡 사진을 보고 아이들이 표현한 공룡 마을 사진과 공룡이 태어나는 걸 상상한 아이의 그림입니다.

09

소개하고 설명하는 글쓰기
전단지와 광고

학교 앞이나 식당가를 지나면서 받게 되는 전단지나 인터넷 기사 혹은 신문을 볼 때 눈에 띄는 광고가 있으면 그 광고를 활용해 글쓰기를 해보는 것도 도움이 됩니다. 흔히 전단지 하면 눈에 띄는 효과와 이미지를 떠올리지만 결국 중요한 건 글입니다. 알리고 싶은 내용은 글로 전해야 하기 때문입니다. 이런 전단지를 잘 활용하면 '설명'하는 글을 쓰는 데 도움을 받을 수 있습니다.

이 작업 역시 글을 쓰기 전에 말하기 단계를 거쳐야 합니다. 쇼호스트나 TV 리포터처럼 상품이나 장소, 사건을 소개하는 거죠. 전하고 싶은 말을 충분히 했다면 글로 써보게 합니다. 대본을 쓴다고 생각하면 좋습니다. 완성된 글을 읽게 하고 빠진 내용이나 더할 내용이 없는지 확인해보라고 합니다.

예를 들어 설명해보겠습니다. 아이에게 새로 연 칼국수 가게 전단지를 만들어보자고 합니다. 먼저 꼭 들어가야 할 내용을 추려보자고 합니다. 개업 일자와 장소, 개업 기념 이벤트와 추첨 선물 등이 등장할 겁니다. 맛깔난 칼국수 사진과 함께 메뉴와 가격도 들어가면 좋을 것 같습니다. 찾아올 손님을 위한 약도와 배달 주문을 받을 수 있는 전화번호도 들어가야겠고요. 이렇게 다양한 정보를 어떻게 넣을지 순서를 정합니다. 어떻게 말해야 더 오고 싶어질까 생각하며 멘트도 써봅니다.

〈세상에서 제일 맛난 칼국숫집〉

• **개업일:** 2021년 7월 30일

• **장소:** 아름동 행복마트 옆

• **개업 기념 이벤트:** 우비, 모자, 장화, 우산 등 장마 용품

• **추첨 선물:** 선착순 10가족 한정

• **메뉴:** ①멸치칼국수 4500원, ②해물칼국수 5500원
    ③매운 칼국수 5000원, ④부추 칼국수 5000원

• **전화번호:** 012-3456-7890

• **소개:** 아름동에 드디어 대박 맛집 탄생!

백종원도 울고 갈 대박 맛집!

세상에서 제일 맛난 칼국수 먹으러 오세요! 3대째 내려오는 육수 비법과 2대째 이어온 특별한 양념 맛을 기대하세요. 상상 이상! 만족 보장! 맛있지 않으면 다음에 안 오셔도 됩니다. 세상이 기다려 온 칼국수! 정말 맛있어요!

※전화나 앱으로도 주문 가능합니다.

벼룩시장 전단지를 만들어보자고 해도 아이들은 역할 놀이를 하듯 빠져듭니다. 그림 그리기를 좋아하면 홍보 전단지를 직접 만들어 보라고 해도 좋습니다. 그림을 잘 그리는 아이는 나서서 만들기도 합니다.

설명하는 글쓰기를 이렇게 써보라고 하는 이유가 있습니다. 자기 이야기, 생각, 느낌은 학교와 집에서 충분히 많이 써보게 하므로 조금이나마 다른 형식으로 접근해보길 바라는 마음에서입니다. 동네에 있는 가게를 보면서 소개 글을 의뢰받았다고 생각하고 써보라고 하면 아이들은 재미있어합니다. 아이들은 실제든 아니든 뭔가 도움 주는 일을 부탁하면 기꺼이 나섭니다.

전단지를 활용해서 글쓰기를 하려면 아이에게 전단지가 익숙해야 합니다. 익숙한 것이라야 나도 할 수 있겠다는 마음이 들면서 해보려고 합니다. 전단지에 익숙해지도록 신문을 활용할 때와 마찬가지로 전단지 바구니를 만들어 모아두면 좋습니다. 모은 전단지는 마음껏 활용해도 된다고 말해줍니다. 글쓰기 용도로 한정할 필요도 없습니다. 찢고 구기고 낙서해도 된다고 말해줍니다. 활용하기보다 익숙해지기가 먼저입니다.

설명 글이나 소개 글 쓰기를 힘들어하는 아이라면 전단지를 이용해 단어 카드를 만들자고 해도 좋습니다. 글자가 큼직해 카드처럼 만들기 좋습니다. 전단지에 새겨진 글자를 낱글자로 오려서 한 자 한 자 떨어트려놓고, 새로운 단어로 조합하는 놀이를 해도 좋아합니다. 계속 이야기하듯 놀이를 하며 뱉어내는 아이의 말이 나중에는 글쓰기 재료가 됩니다. 이 놀이 역시 아이가 주도적으로 이끌고 말할 수 있게 도와주세요.

다음은 아이들이 전단지를 이용해서 만든 작품입니다. 왼쪽 그림은 2학년 서연이가 만든 건데, 서연이는 톡톡 튀고 귀여운 아이지만 글은 영 자신이 없어 했습니다. 하지만 그림만큼은 자신이 있었는지 전단지에 있는 간판 사진을 오리더니 동네 약도에 활용했습니다. 길을 걷는 졸라맨이 마스크를 쓴 게 인상적입니다. 오른쪽 그림은 6학년 윤진이가 그린 건데 전단지를 활용해서 아빠에게 마음을 표현했습니다. 그림을 보면서 아이는 한참 동안 아빠에게 하고 싶은 말을 했습니다. 그 말을 그대로 옮겨 아빠에게 편지를 써보자고 했는데 전했는지 모르겠습니다.

10

투고하기와 글쓰기 대회 참가하기
작가 데뷔

신문이나 잡지를 보면 독자 투고를 받는다는 글이 많습니다. 어린이 신문과 잡지에서는 매주 또는 매달 주기적으로 아이들의 투고 원고나 그림을 실어줍니다. 동시나 간단한 글짓기 투고를 받는 출판사도 꽤 많습니다.

제가 어릴 때만 해도 엽서나 편지지에 써서 보냈는데 지금은 사진을 찍어서 메일로 보내도 되어 간편합니다. 신문사나 잡지사는 독자 투고 게시판을 따로 두는 경우도 많아 글을 바로바로 올릴 수도 있어서 더욱 편합니다.

아이들에게 글쓰기 자신감을 심어주고 싶다면 독자 투고를 권합니다. 상을 받거나 원고가 실리면 더할 나위 없이 기쁘고 성취감을 얻을 수 있어 좋습니다. 설사 상을 타지 못하고 원고가 실리지 않아도 괜찮습니다. 애써 글을 쓴 경험도 자산이 됩니다. 또 몇 번 쓰다 보면 감이 생겨 잘 쓰게 되고 언젠가는 실리게 됩니다. 바로 상을 받기보다 애를 쓰고 노력한 결과로 상을 받는다면 오히려 더 좋습니다.

아이들에게 바로 투고를 하라고 하면 하지 않습니다. 일단 친구들의 투고 원고를 잘 보면서 '나도 해볼까?' 또는 '나도 이 정도는 쓰겠는데' 하는 마음을 먹게 하는 게 우선입니다. 그러려면 일단 어린이 신문이나 잡지를 구독하면 좋겠지요. 그리고 독자 투고란을 유심히 보게 합니다.

당선작과 함께 심사위원의 심사평을 볼 수 있습니다. 대개 '표현력이 좋아서, 시의적절해서, 일상의 이야기들을 생동감 있게 그려내서, 조마조마한 심정을 아이답게 그려내서' 같은 심사평을 볼 수 있습니다. 소년한국일보 〈글쓰기 상〉 심사평을 몇 가지 보겠습니다.

이달의 어린이 시 으뜸글에 오른 '그림자'는 읽으면서 절로 입가에 미소가 지어질 정도로 아주 유쾌한 작품이다. 내 행동을 따라 하는 그림자가 나를 짝사랑한다고 생각하는 것, 그림자를 따라쟁이라고 얘기하는 것은 쉽게 나올 수 있는 표현이 아니다. 평소에 사물을 주의 깊게 보고 나만의 상상력을 보탠 결과물이다.

산문 으뜸글 '방송부 면접'은 면접을 보기 하루 전부터 결과가 나오기까지의 긴장되는 마음을 시간순으로 적은 작품이다. 중간중간 내가 느끼는 감정과 진심을 솔직하게 풀어가는 솜씨가 남달라서 주저 없이 으뜸글로 올렸다. … 후략 …

이달의 어린이 시 으뜸글에 오른 '가을 미용실'은 자신이 사는 집 주변에서 일어나는 늦가을(만추) 풍경을 3연에 걸쳐 담아놓았다. 특히 '가을바람 미용사가 나무 손님 머리를 예쁘게 염색한다'에서는 감탄사가 터져 나올 정도로 표현력이 놀랍다. 하나의 풍경을 보고 이렇게 멋진 비유로 시를 쓸 수 있다는 것은 큰 축복이다.

산문 으뜸글 '스마트폰! 바르게 사용해 봐요'는 제목 그대로 스마트폰의 폐해와 바른 사용법의 내용을 담고 있다. 단순히 스마트폰의 단점과 장점을 설명하기보다는 일상에서 겪은 경험을 잘 버무려놓아 막힘없이 읽힌다. … 후략 …

심사위원=이창건 · 박상재(아동문학가)

당선작과 심사평을 보며 아이는 어떻게 글을 써야 하는지 빠르게 감을 잡습니다. 부모가 아무리 설명해도 늘지 않는 글쓰기가 한순간에 늘기도 합니다. 사실 부모는 웬만하면 아이 글을 평가하지 않는 게 좋습니다. 부모의 글 평가는 아이를 주눅 들게 할 뿐 글 실력을 늘리지 못하기 때문입니다.

글쓰기 비법을 알게 하고 싶다면 오히려 아이에게 평가를 하게 하는 게 나을 수 있습니다. 일단 당선작을 읽고 아이에게 평가해보게 합니다. 아이들은 남의 글은 매우 솔직하게 잘 평가합니다. 심사위원 글에 나타난 당선 이유를 글에서 찾아보게 해도 좋습니다. 아이가 심사위원이 된 듯 매의 눈으로 찾아낼 겁니다.

또래 글 읽고 비교하게 하기

아이들에게는 잘 쓴 또래 글을 자주, 많이 보여줘야 합니다. 글쓰기 수업을 해보면 잘 쓰는 아이가 한 명만 있어도 그룹 전체 아이들의 글쓰기 실력이 올라갑니다.

반면 글쓰기 실력이 고만고만한 아이들만 모이면 글쓰기가 도통 늘지 않습니다. 내 수준과 비슷한 수준의 글을 보면서 나도 이 정도면 되겠거니 생각하기 때문입니다. 그래서 이런 반에는 일부러 잘 쓴 또래 글을 자주 보여줍니다. 그래야 아이들의 눈높이가 올라갑니다. 정말 쉬운 단어를 가지고 어떻게 저렇게 멋지게 표현하는지, 솔직한 마음을 어쩜 저렇게 술술 풀어냈는지 보면서 아이들은 실력을 높여갑니다.

아이들은 어른들이 쓴 글에는 웬만해선 자극을 받지 않습니다. 어른이라면 잘 쓰는 게 당연하다고 여기는 듯합니다. 한데 잘 쓴 또래 글을 보면 바로 자극을 받습니다. 욕심 있는 아이라면 '같은 나이인데 이 아이 글은 왜 이렇게 술술 읽히지?', '이 아이 글의 어느 부분이 이토록 재미있게 느껴지도록 하는 거지?' 하며 찬찬히 살펴봅니다. 좋은 건 기억했다가 자기 글에 적용해보기도 합니다. 이 과정을 몇 번만 거쳐도 아이는 자기가 쓴 글을 더 잘 다듬어냅니다.

잘 쓴 또래 글을 찾아야 해서 부모가 번거로울 수 있습니다. 하지만 그런 수고가 아이의 글을 부쩍 늘게 할 겁니다. 지금껏 본 수많은 글쓰기 교재 중 또래 글보다 훌륭한 교재는 본 적이 없습니다. 세상에 없는 교재를 만든다는 기분으로 잘 쓴 또래 글을 찾아서 읽고 비교하게 해주세요.

또래 글 필사하기

아무리 잘 쓴 글이라 해도 또래 글은 아이 글입니다. 어린이 신문이나 잡지에 아이를 기죽일 만큼 대단한 글이 실리는 건 아닙니다. 아이들은 워낙 긍정적이라 '어, 나도 써볼 수 있겠는걸' 또는 '내 글도 조금만 다듬으면 여기에 당선돼 실릴 수 있겠는걸' 하며 자신감을 내비칩니다. 그러면서 '조금' 더 분발합니다. 자극을 받고 욕심을 내는 순간 아이 글은 바뀝니다.

눈에 띄게 잘 쓴 또래 글을 만나면 그대로 따라 적게 해도 좋습니다. 필사는 세상에서 가장 느린 독서입니다. 천천히 따라 써야 해서 글자 한 자 한 자에 집중하게 되니 평소처럼 읽을 때는 보이지 않았던 좋은 표현이 더 오래 남습니다.

예로부터 필사는 왕자들의 교육법으로도 애용되었어요. 쓰면서 문장의 형식, 맞춤법, 어휘들을 익히고 생각하는 훈련과 함께 자신도 모르게 글의 형태를 익히는 훈련을 합니다. 또래 글을 필사하면 문장이 어렵지 않아 기억하기도 좋습니다.

다만 필사를 할 때 주의할 점이 있습니다. 너무 오래, 너무 자주 쓰지 않도록 주의해야 합니다. 힘든 일을 오래 하면 그 일이 싫어집니다. 필사도 마찬가지입니다. 오래 하면 글이 싫어집니다. 그러니 특별히 잘 쓴 문장을 만났을 때 한 번만 짧게 써보게 하는 게 좋습니다.

필사를 좋아하는 아이라면 명문장을 골라 따라 써보게 해도 좋습니다. 종교 생활을 하는 가정이라면 성경이나 법문을 따라 써봐도 좋고요. 온 가족이 함께 '좋은 글쓰기, 예쁜 글쓰기' 등의 작은 이벤트를 열어 필사를 독려해도 좋습니다.

또래가 쓴 글을 볼 수 있는 책과 잡지

또래 글을 볼 수 있는 책과 잡지를 몇 가지 소개하겠습니다. 더불어 어른들이 썼지만 따라 읽고 써보기 좋은 동시집도 소개합니다.

① 어린이 시 계간지:《올챙이 발가락》

초등 아이들이 쓴 동시가 실려 있습니다. 아동문학가로 유명한 이오덕 선생님을 중심으로 전국 초·중·고 교사들이 모인 한국글쓰기교육연구회에서 발행합니다. 어른이 보아도 웃음이 지어지고 감동이 느껴지는 좋은 시가 많습니다. 부모와 아이가 함께 읽어보기에 좋습니다.

② 동시집:《최승호 시인의 말놀이 동시집》,《콩, 너는 죽었다》, 《쉬는 시간 언제 오냐》,《벌서다가》

③ 어린이 잡지:《고래가 그랬어》,《개똥이네 놀이터》,《시사원정대》,《위즈키즈》 등

④ 어린이 신문: 어린이조선일보(명예기자, 문예상), 어린이동아

  (어린이기자, 문예상, 독자한마당), 소년중앙(나도 기자다, 나도 작

  가다), 소년한국일보(비둘기 기자) 등

독자 투고하기

또래가 쓴 글을 보고 비교해서 내 글에 적용해보는 것도 좋지만 이왕 시작했으니 직접 내 글을 투고하고 올려보는 것도 좋습니다. 또래 글과 나란히 놓인 내 글을 보면 수준이나 위치가 더 잘 보이거든요. 앞에서도 말했지만 결과에는 연연하지 마세요. 투고야말로 참가하는 데 의의를 둬야 합니다.

독자 투고에 어떤 글을 올릴지 생각해보고, 글을 쓰는 과정에서 생각과 수정을 여러 차례 거치면서 글을 완성해갑니다. 글이 단단해져가고, 글의 모습이 제대로 갖춰집니다. 그런 경험이 쌓이고 쌓일 때, 내 글이 보여요. 내 글의 상태가 내 눈에 보여야 합니다. 심사위원이 심사를 해주기 전에, 스스로 검열하는 과정에서도 느껴지지요.

뽑힐 거라는 기대는 애초에 하지 않는 게 좋아요. 경험을 쌓는다는 마음으로 써야 합니다. 글은 정직하고 성실하게 쓰면 배신하지 않아요. 꼭 상이 아니더라도 어떤 식으로든 보답할 거예요. 저 역시 초등학생 때 독자 투고를 꽤 여러 번 했는데 뽑히지 않더라고요. 그렇지만 전혀 엉뚱한 곳에서 상을 받기도 했어요. 결과는 그렇게 바로 나타나지 않고 생각하지 못한 곳에서 등장하기도 한답니다.

독자 투고를 하면 평소와 달리 글을 더 열심히 쓰고 완성도를 높

여 쓰는 경험을 하게 됩니다. 수업할 때 독자 투고를 해보자고 하면 어떤 아이들은 숨겨왔던 승부 근성을 드러냅니다. 갑자기 열의를 불태우며 글을 쓰곤 해요. 더 잘 쓰고 싶다는 의욕을 불러일으켜 더 오래도록 글을 쓰곤 합니다. 적절한 승부욕은 글을 쓰는 과정에서도 힘을 발휘합니다.

누군가는 내 아이의 글을 알아보게 만들어보세요. 쓰다 보면 누가 다가올지 아무도 모르는 거죠. 사람이든, 기회든 글은 또 다른 인연으로 우리를 이끌어가는 힘이 있으니까요.

아이들에게 글을 심사해보는 경험을 하게 하는 것도 글쓰기 실력을 높이는 데 큰 도움이 됩니다. 스토리북을 즐겨 읽고 글쓰기에도 관심이 많은 고학년 아이라면 '비룡소 스토리킹' 심사위원으로 활동해보길 권합니다. 비룡소 홈페이지에 가면 아이들이 심사위원으로 참여할 수 있는 '스토리킹심사위원'에 지원할 수 있어요.

어린이 심사위원들이 선정한 스토리킹 수상작에는 아이들이 직접 쓴 심사평이 실려 있어요. 책이 만들어지는 과정을 알 수 있고, 자신의 심사평이 책에 실린 것을 보면 자기가 쓴 글에 대해 자신감과 자부심을 갖게 됩니다.

아이들이 책을 더욱 사랑할 수 있는 기회, 좋은 책을 추천하기 위해 책을 선정하는 기회, 함께 토론하고 의견을 만들어 발표할 기회, 참여하는 과정을 통해서 아이 스스로 배울 수 있는 기회를 줄 수 있습니다.

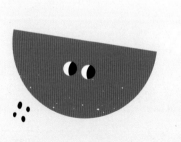

5장

형식에 맞춰 익히는 글쓰기 6

01

오늘도 맑음
일기 쓰기

일기는 모든 글쓰기의 시작입니다. 하루를 되돌아보면서 쓰려면 저녁이 좋지만, 저녁 시간은 바쁘고 아이들도 쉽게 지치므로 아침에 쓰거나 방과 후에 쓰게 해도 좋습니다. 다른 글과 달리 일기는 편하게 쓰면 좋습니다.

일기는 모름지기 자기 방에서 방문 닫고 쓰고, 나만 보고 덮는 것이 정답입니다. 그러니 부모는 아이 일기 쓰기를 따로 지도하려 애쓰지 않아도 됩니다. 쓰고 있다면 그것만으로 충분하다는 마음으로 접근하세요. 아이가 일부러 보여주기 전에는 읽지도 말아야 합니다. 비밀 일기장으로 인정하는 순간 아이 글쓰기가 늘 겁니다.

그래도 일기를 처음 쓰는 아이에게 뭔가를 알려줘야 하지 않을까요? 맞습니다. 이것저것 알려주려 하지 말고 딱 세 가지만 알려주세요.

① 일어난 일의 사건 정황(이야기)
② 나의 느낌과 생각, 기분 상태(감정)
③ 오늘의 정리, 내일의 다짐(기록)

'오늘 하루 누구와 어디를 가서 뭘 먹었다' 같은 뻔한 동선 말고 이야기 하나를 잡아서 글로 쓰라고만 해주세요. 의미가 있었던 주요한 사건, 만남, 일 등을 떠올릴 수 있도록 도와주면 좋습니다.

평소 학교를 다녀왔을 때, 놀이터에서 돌아왔을 때, 학원을 다녀왔을 때 "오늘 무슨 재미있는 일 있었어?"라고 물어봐주면 좋고, 학교에서 일어난 일을 이미 알고 있다면 그 일을 아는 체하며 물어봐줘도 좋습니다. "오늘 친구가 한 명 전학 왔다고 하던데, 그 친구 첫인상은 어땠어?"라는 식으로요. 아이의 평범한 일상을 조금 특별하게 만들어준 사건을 아이 스스로 찾을 수 있도록 도와주세요.

숙제도 아닌데 굳이 일기를 써야 하느냐고 아이가 물을 수 있습니다. 그럴 땐 이렇게 답해주세요.

"아무리 편한 친구라도 부모라도 선생님이라도 못 나눌 이야기가 있을 거야. 나눈 이야기라 해도 더 오래 기억하고 싶은 이야기가 있을 거고. 기발한 생각이 떠올랐을 땐 잊지 않고 싶을 때도 있고,

지금 떠오른 이 감정의 정체를 잘 모르겠는데 기억하고 싶을 때도 있을 거고. 그런 이야기나 생각이나 감정을 글로 써보면 어떨까? 그 글을 읽는 상대를 미래의 너라고 생각하고 말이야. 시간이 흐르면 모든 기억이 흐릿해져. 나중에 네 흐릿해진 기억을 다시금 선명하게 떠올리고 싶을 때 네가 쓴 글을 보면 기쁘지 않을까?"

아이들은 다른 누구의 글보다 자신이 쓴 글을 사랑합니다. 숙제로 써둔 일기장도 꺼내보곤 하는데 자기에게 쓴 편지 같은 일기를 보는 건 더 재미있겠지요. 지나고 나면 별거 아닌 일에 굉장히 심각해하던 예전 모습을 떠올리면 한참 웃기도 합니다.

내 기록이고 역사이므로 날짜와 날씨 같은 그날을 떠올릴 수 있는 걸 꼭 적어주면 좋다고도 전해주세요. 내용이야 솔직하게 친절하게 쓰면 좋겠지만 그건 처음부터 바랄 게 아닙니다. 쓰다 보면 알아서 그렇게 쓸 겁니다. 일기만큼은 아이 마음대로 쓸 수 있도록 해주세요.

일기 쓰는 걸 너무 싫어하는 아이를 위해 주제 글쓰기, 독서 리뷰처럼 쓰기, 편지 형태로 쓰기 등 다양한 변형을 시도하기도 하는데 굳이 그렇게 하지 않아도 됩니다. 기본 형식으로 몇 번 써본 아이들은 어느 순간 본인이 알아서 변형을 시도합니다. 그래도 욕심이 날 겁니다. 그렇다면 가르치지 말고 보여주길 권합니다.

평소 부모와 아이가 시간을 정해놓고 함께 일기를 쓰는 겁니다. 다만 부모 일기장은 아이에게 봐도 된다고 말해줍니다. 평소에는 관심이 없던 아이도 어느 날은 보고 싶다고 하고, 읽고는 재미있어합니다. 그럴 때 형식을 다양하게 바꾼 일기를 보여주면 좋습니다. 아이들은 괜찮아 보이면 바로 따라 합니다. 형식만 조금 바뀌었는데 굉장히 신선해진다는 걸 굳이 말하지 않아도 알아채는 아이들입니다.

시간과 장소를 정하고 매일 글을 쓰는 건 전업 작가라면 누구나 따르는 방법입니다. 글을 잘 쓰는 아이에게는 좋은 습관을 만들어주고, 혼자 쓰기 힘들어하는 아이라면 부모를 의지 삼아 쓸 수 있는 계기가 될 겁니다.

글쓰기 수업을 할 때 아이들이 자주 하는 이야기가 있습니다. "우리 엄마(아빠)는 책을 안 읽는데 저한테는 읽으래요", "우리 엄마(아빠)는 글을 쓰지 않으면서 저한테는 쓰래요" 책을 많이 읽고 글을 자주 쓰자고 백 번 말하는 것보다 함께 읽고 함께 쓰는 게 아이들의 독서와 글쓰기를 늘리는 비결입니다. 함께하기와 보여주기만큼 아이들을 잘 키우는 방법은 없습니다.

부모도 아이도 일기 쓰기로 스트레스를 받는 경우가 있습니다. 맞습니다. 바로 '숙제'로 하는 경우입니다. 요즘은 선생님들이 내용을 따로 보지 않는다고 하지만 그래도 잘 쓰고 싶은 욕심이 생깁니다. 그러다 보니 쓸 때 힘이 들어가고 어려워합니다. 당연히 "오늘은 뭘 쓰지?"라는 아이 질문을 받을 때가 많습니다. 아이가 자꾸 물어본다면 '내 아이가 일기를 잘 쓰고 싶구나'로 읽어주세요. 아이가 손을 내밀었을 땐 언제라도 손을 잡아줘야 합니다.

대개 "오늘 하루에 있었던 일 중 가장 인상 깊었던 일을 쓰면 좋아"라고 말합니다. 그럼 아이들은 하나같이 "아무 일도 없었는데"라고 말합니다. 그럴 땐 부모가 함께 글감을 찾아주세요. 부모만큼 아이 마음을 공감하고 일상을 잘 아는 사람은 없습니다.

일기 숙제는 저학년 시기에는 필수입니다. 고학년이 되면 일기 횟수를 줄여주거나 없애는 경우도 많습니다. 워낙 아이들이 싫어하는 숙제라 10줄로 양을 줄여주는 경우도 많고요. 저학년 시기에 일기가 필수인 이유는 이때만큼 자유롭게 상상하고 솔직하게 표현할 때도 없기 때문입니다. 일기 쓰기에 재미를 붙이고 습관으로 만들어주기 좋은 시기이기도 하고요. 한편으로는 일기 쓰기를 싫어하고 대충 적당히 쓰는 습관이 붙는 시기이기도 합니다.

어떻게 해야 일기 쓰기에 재미를 붙일 수 있을까요? 일기 쓰는 순서를 보면서 살펴보겠습니다.

① 날짜와 시간을 씁니다. 일기는 기록입니다. 기억을 잘 떠올릴 수 있는 장치를 써줘야 합니다. 대표적인 게 날짜, 날씨, 제목입니다. 제목은 건너뛰어도 되지만 날짜와 날씨는 꼭 써버릇해야 합니다. 일기는 미래의 나에게 현재의 내가 보내는 선물이라는 걸 상기시켜주세요.

② 오늘 또는 어제 있었던 인상 깊은 사건, 인물, 경험 등을 친절하게 설명합니다.

③ 사건을 겪거나 인물을 만났거나 경험을 하면서 얻은 생각이나 느낌을 적습니다.

④ 그날을 한 줄로 쓴다면 뭐라고 표현할 수 있을지, 어떤 의미

인지 정리합니다.

여기까지가 기본입니다. 최소한 이 정도만 써도 일기입니다. 여기서 한발 더 나아가려면 다음과 같이 조언해줍니다.

⑤ 아무에게도 보이지 않는 나만의 글을 씁니다.
⑥ 잘 쓰려는 노력, 잘 보이려는 노력보다는 나를 솔직하게 표현하는 글을 씁니다.
⑦ 그날 있었던 특정한 사건, 특정한 사람에 대해 자세히 묘사하고 기록하는 것이 좋습니다. 나중에 시간이 한참 흘러서 일기를 꺼내 볼 때에 과거를 생생하게 추억하고 되새길 수 있는 큰 의미가 있습니다.
⑧ 미래의 나에게 남겨주고 싶은, 현재의 내 생각을 적습니다.

예를 들면 다음과 같습니다.

① 2021년 3월 24일 화창하고 맑음
② 오늘은 우리 엄마의 생일이었다. 어제부터 엄마에게 무슨 선물을 하면 좋을까 생각했다. 오늘도 하루 종일 저녁 시간을 기다렸다. 엄마의 생일을 축하하는 시간이 빨리 왔으면 좋겠다고 생각

했다.

③ 드디어 저녁이 되었다. 엄마는 케이크 앞에서 눈물이 난다고 했다. "우리 아이들이 언제 이렇게 컸지?" 하고 좋아했다. 나도 엄마와 같이 촛불을 껐다. 숨을 마셨다가 후! 하고 불기 직전이 가장 긴장된다. 내가 조금만 늦게 후! 해도 오빠가 벌써 불을 다 꺼버리기 때문이다.

④ 나도 후! 했다. 엄마도 후! 했다. 우리 가족은 모두 후! 했다.

⑤ 촛불이 꺼졌을 때 나는 생각했다. '우리 가족 건강하게 해주세요. 우리 엄마 행복하게 해주세요.'

⑥ 나는 엄마 생일이 참 좋다. 축하할 수 있기 때문이다.

⑦ 나는 편지를 썼다. "엄마 고마워요, 오래오래 건강하세요. 다음에는 제가 맛있는 거 사드릴게요."

⑧ 그러니 기억하면서 크자! 나는 엄마의 생일에 맛있는 것을 사드리기로 약속했다는 것을!

초등학교 1, 3, 4학년 시기에 쓴 제 첫아이의 일기를 들여다보겠습니다. 과거에 겪은 일이 현재에 어떤 의미로 다가오는지 염두에 두고 보면 좋습니다. 과거의 일기가 현재의 나에게 주는 선물은 '즐거움, 회상, 추억, 기억, 감동, 정보, 소중함' 등입니다. 이 모든 것이 돈으로 바꿀 수 없는 가치라는 점을 생각하면서 감상해보세요.

2014년 4월 25일 금요일 맑음 ☀ ☁ ☃ ☂

제목: 배드민턴과 축구 골대

아빠와 영찬이가 배드민턴을 했다. (그런데 갑자기 배드민턴에서) 축구 게임으로 변했다. 내가 마치 축구 게임 속에 들어온 것 같았다. 그날의 게임은 배드민턴에서 시작해서 야구 → 축구 → 축구 오락 → 축구 게임 순서로 변형해온 것 같다. 모두 즐거워했다.

오늘 한 배드민턴 경기(어쩌면 축구 경기)는 이름이 없는 재미있는 경기였다. 매뉴얼도 한 명에 한 장이었다. 영찬이의 무기는 반사 골대 - 불 운석 - 반사 발 - 야구 글러브 - 삼지창, 아빠 무기는 얼음 송곳 - 분신 기계 - 얼음 운석이었다. 아빠 무기는 많지 않은 대신 강력했다. 정말 재미있는 경기였다. 아빠 9점, 영찬이 11점으로 영찬이의 승리로 끝났다.

2016년 3월 21일 월요일 쌀쌀함 ☀ ☁ ☃ ☂

제목: 월요일은 사탕날

월요일은 눈높이 선생님께서 오시는 날이에요. 눈높이 학습지를 풀면 스티커를 받고, 인사를 한 다음에, 사탕을 받아요. 받는 사탕은 날마다 달라요. 젤리, 비타민, 사탕, 우유 사탕 등 다양한 종류의 사탕을 받아요. 특히 영찬이가 월요일을 가장 좋아해요. 왜냐면요,

사탕을 받는 날이라서 그래요! 저한테는 문제집을 푸는 날이지만 그래도 스티커 한 장을 모두 모으면 선물을 받아요! 스티커는 (숙제를 다 해놓은) 권수에 따라 달라져요!

2017년 4월 7일 금요일 비 ☀ ☁ ⛆ ☔

제목: 파란 돼지

돼지 지우개라는 것이 있다. 돼지 같은 몸체를 플라스틱으로 만들고 그 안에 돼지 몸통과 닮은 색의 지우개가 넣어져 있다. 돼지 몸통 색깔에는 파랑, 분홍, 연두, 노랑, 빨강이 있다.

그중 빨간색 돼지는 내 방에 있는 상자 안에 처박혀 있을 것이고, 파란색 돼지는 엔젤 그림이 그려진 가방 속에 있었다. 그래서 파란색 돼지도 내일 가지고 갈 것이다.

"초록색 돼지 지우개야, 수고했어. 내일부터는 파란색 돼지 지우개가 네 자리를 대신해 줄 거야. 그리고 또… 아! 맞다. (파란색 돼지 조잘조잘… 쫑알쫑알… 재잘재잘…)

"파란색 돼지 지우개야, 내일부터 같이 학교에 가자. 그냥 초록색 돼지도 데리고 갈까? 그냥 데리고 갈게… 잘 자. 필통 속에서 자~"

283

'이 부분에서 느낌을 썼어야지, 이 부분에 생각이 담기면 진짜 멋질 텐데, 이 부분 줄거리를 조금만 더 써주면 훨씬 연결이 자연스러운데…' 싶을 겁니다. 맞춤법이나 띄어쓰기 틀린 곳도 유난히 도드라져 보일 겁니다. 이왕이면 사건이나 상황을 구체적으로 자세히 써주면 좋겠고, 생각이나 느낌을 솔직하고 정확하고 논리적으로 써주길 바랄 겁니다. 그래도 참으셔야 합니다.

일기만큼은 유일하게 '말하기와 고쳐 쓰기'를 적용하지 말아주세요. 부모가 일기에 손을 대는 순간 솔직함은 날아가고 부모가 원하는 글을 쓸 겁니다. 내 생각과 마음이 아니라 부모가 보고 싶은 생각과 마음을 쓰려고 머리를 굴릴 겁니다. 그러니 일기만큼은 손대지 말아주세요.

일기의 가치는 글을 쓴 당사자에게 가장 크게 돌아갑니다. 일기 내용을 보면서 다른 사람이 알지 못하는 당시의 느낌까지도 떠올릴 수 있기 때문입니다. 아이가 그 나이에 쓸 수 있는 순수한 표현도 일기의 가치를 높이는 부분입니다. 그래서 일기는 어떻게 쓰더라도 시간이 지날수록 가치가 올라간다는 장점이 있습니다.

부모로서 도와줄 게 있다면 내용과 느낌, 생각을 자세하게 쓸 수 있도록 평소에 많은 대화를 나누고 생각할 기회를 주는 것입니다. 그렇게 써나가는 일기는 그 자체로 특별해질 테니까요.

02

마음의 선물
편지 쓰기

편지는 어버이날, 스승의 날, 생일, 크리스마스 등의 기념일에 자주 등장합니다. 부모라면 누구나 몇 번은 받아보았을 "사랑해요. 저를 낳아주시고 키워주셔서 감사해요. 오래오래 건강하세요"라고 적힌 편지도 단골손님이지요. 어쩜 그리 한결같은지 대한민국 어린이치고 이런 편지를 안 적어본 아이도 없을 겁니다.

편지와 일기의 차이점은 편지는 다른 사람에게 주기 위한 글이고, 일기는 자신을 위해 쓰는 글이라는 점입니다. (물론 나에게 쓰는 간지러운 편지도 있긴 하지만요.) 편지는 어떻게 써야 할까요? 생각해 본 적 있나요?

편지는 쓰는 사람도 좋지만, 기본적으로 받는 사람을 위한 글입니다. 받는 사람이 편지를 받고 기분이 나쁘면 그것은 편지의 본래 역할을 다하지 못한 것입니다. 원래 편지에는 받는 사람의 기분이 나아지고 행복해지는 '선물'의 의미가 담겨 있습니다. 그래서 사람들은 특별한 날에 편지를 쓰고, 기념하고 싶을 때 편지를 씁니다.

편지에는 '전하고자 하는 마음'이 잘 드러나야 합니다. 당연히 생각과 마음을 자세히 써야 제대로 전달될 겁니다. 이것만 해도 충분하지만 몇 가지를 더하면 더 좋습니다.

① 형식에 맞게 씁니다.
② 예의 바르고 진실한 마음이 느껴지도록 씁니다.
③ 마주보고 대화하듯이 친근하고 다정하게 씁니다.
④ 글씨를 평소보다 더 바르고 정확하게 쓰도록 노력합니다.

편지지와 봉투는 깨끗해야 하고, 접힌 부분이 없게 조심합니다. (그러니 편지 쓰기에 익숙하지 않다면 미리 편지 내용을 연습장에 써서 편지지에는 글자를 반듯하게 옮기는 게 좋아요.)

편지 쓰기 순서는 다음과 같습니다.

① 받을 사람에 대한 표현
② 첫인사
③ 요즘 근황

④ 전하고 싶은 말

⑤ 끝인사

⑥ 편지 쓴 날짜

⑦ 편지 쓴 사람

예를 들면 다음과 같습니다.

① 보고 싶은 백소영 선생님께.

② 선생님 안녕하세요. 지성이에요. 건강하게 잘 지내시죠?

③ 저는 지난겨울에 마포로 이사를 왔어요. 전학도 해서 친구도 새로 사귀고 새로운 선생님도 만났어요. 처음엔 조금 어색했는데 아이들이 모두 반겨주고 선생님도 친절해서 즐겁게 다니고 있어요.

④ 선생님께 기쁜 소식을 전하고 싶어 편지를 썼어요. 작년 12월에 시험을 본 교육청 영재원에 합격해서 다닐 수 있게 되었어요. 선생님 덕분에 수학에 재미가 생겼고 잘할 수 있었어요. 선생님이 영재원도 권해주셔서 열심히 준비했고 합격까지 할 수 있었어요. 고맙습니다.

⑤ 수업은 이제 시작이라 잘 모르지만 열심히 따라가 보려고 해요. 적응이 되면 그때 다시 안부를 전할게요. 선생님도 즐겁게 지내고 계세요.

⑥ 2021년 5월 더운 바람이 시작되는 초여름에

⑦ 반짝이는 나뭇잎 같은 소식을 전하고 싶은, 지성 올림.

　예시는 간단하지만, 실제로 편지를 쓸 땐 ③과 ④가 풍성할수록 좋습니다. 내용과 분량에 정성을 들여 차분하게 적을수록 좋은 편지 글이 됩니다. 편지를 받는 사람은 그 내용뿐 아니라 예의에 맞게 갖춰 쓴 형식에서도 감동을 받으니까요. 받는 사람에게 선물을 전한다는 생각으로 쓴다면 좋은 글이 될 거라 믿습니다.

　마지막으로 편지를 쓸 때 신경 쓰면 좋은 점을 몇 가지 살펴보겠습니다.

① 판에 박힌 말은 성의가 없어 보일 수 있어요. 나만 할 수 있는 이야기, 즉 '받는 사람과 내 경험'이 담긴 이야기를 써주세요.

② 글이 짧으면 성의가 없어 보일 수 있어요. 할 수 있는 한 자세하고 길게 써주세요.

③ 편지지나 엽서에 글을 쓸 때는 손글씨도 신경 써야 해요. 읽을 때 무리가 없도록 또박또박 써주세요. 그 마음이 그대로 전달될 거예요.

④ 어른에게 보낼 때는 존칭을 사용하고 경어를 써주세요. 또래나 동생에게 보낼 때도 예의를 갖춰서 써주세요.

⑤ 전할 말이 분명한 편지라도 그 말만 쓰고 끝내지 말아주세요. 요즘 근황을 담은 이야기를 더해주세요. 편지를 받는 사람은 보낸 사람이 어떻게 지내는지 몹시 궁금하거든요.

⑥ 내용을 다 쓰고 꼭 두세 번 읽어보세요. 틀린 글자가 있는지 못다 한 이야기가 있는지 확인해주세요. 틀린 글자는 지우고 다시 쓰면 되고, 못다 한 이야기가 있다면 덧붙여 써주세요. 못다 한 이야기는 '추신' 또는 'P.S.'를 쓴 다음 이어 쓰면 좋아요.

⑦ 마무리 인사에 다음을 기약하는 인사말을 써주세요. 받는 사람이 편지를 다 읽었을 때 감동이 몇 배로 커진답니다.

일기와 마찬가지로 편지 역시 부모가 아이 글을 지적하고 다듬는 건 좋지 않습니다. 그래도 뭔가 도움을 주고 싶다면 앞의 내용을 아이에게 읽어주길 권합니다. 또는 편지지나 엽서의 위쪽은 부모가 쓰고, 아래쪽은 아이에게 쓰게 해서 예시를 보여줘도 좋습니다.

03

책의 온도
독후감 쓰기

독후감은 책을 읽고 나서 새롭게 알게 된 사실이나 느낌을 글로 적은 글입니다. 아이들이 학교에 입학하면 가장 먼저 접하는 글 중 하나입니다. 대개 1학년 시기에는 독서록이라고 해서 읽은 책의 제목과 지은이를 쓰게 하고 '한 줄 평'을 남기게 합니다.

'한 줄 평'에는 감상을 적는 게 좋지만 힘들어하는 아이라면 기억에 남는 문장 또는 좋았던 문장을 따라 쓰게 해도 좋습니다. 어떤 사람이 보면 좋을지 추천 평을 써도 좋고, 줄거리나 주제를 한 문장으로 요약해서 쓰게 해도 좋습니다.

3학년부터 본격적인 독서 활동이 시작됩니다. 모둠별 또는 학급

별로 매 학기 책 한 권을 읽고 독서 활동을 진행하는 과정이 고등학교까지 이어집니다. 학교마다 다르지만 '한 학기 한 책 읽기' 책이라며 집에 들고 올 때도 있을 겁니다.

이 과정이 어떻게 진행되는지 궁금하면 국어 교과서를 펼쳐보세요. 맨 앞에 [독서 단원]이 보일 겁니다. 읽을 책을 정하고, 정한 책을 다양한 방법으로 읽은 다음, 책 내용을 간추리고 생각을 나눈 후 결과물을 남기는 과정이 자세히 소개됩니다.

아이들은 친구들과 같은 책을 읽고 이야기를 나누는 과정을 좋아합니다. 그러므로 학기 초에 어떤 책이 선정되었고 어떻게 진행되고 있는지 확인해서 가정 내 독서 활동과 연계하여 진행하길 권합니다. 학교 활동과 가정 활동을 연계하면 무슨 일이든 수월해집니다. 아이들은 친구들과 함께하는 활동을 할 때 돋보이고 싶고, 도움을 주고 싶고, 제 역할을 해내고 싶어하기 때문입니다.

학교 활동을 즐겁게 할 수 있도록 평소에 책을 읽게 하고 독후감도 써보게 하면 좋습니다. 읽은 책을 모두 쓰게 하면 힘듭니다. 주기적으로, 읽은 책 중에서 쓰고 싶은 책을 한 권 골라 쓰게 하는 게 좋습니다. 어른들도 읽은 책에 대해 전부 글로 남기라고 하면 글쓰기를 넘어 책 읽기도 싫어질 겁니다.

아이들에게는 독후감을 잘 쓰게 하는 것보다 책이 싫어지지 않게 하는 게 우선입니다. 독후감을 권장하면서도 필수라고 말하지 않는 이유입니다. '독후감을 잘 쓰는 아이'가 아니라 '독후감을 잘 쓰지 않지만 써야 할 때 힘들이지 않고 쓰는 아이'로 만들어야 합니다. 그렇다면 어떻게 해야 할까요? 저는 이럴 때 흔적을 남기라고 권합니다.

읽은 책에 그때그때 흔적을 남기는 겁니다. 읽을 책을 골랐다면 면지 또는 속표지에 책을 읽기 시작한 날짜, 이 책을 고른 이유, 표지나 제목에 대한 인상, 저자에 대한 느낌 등을 써두면 좋습니다. 속표지에 쓰는 게 망설여지면 포스트잇에 써서 붙여도 좋습니다.

꼭 책 이야기가 아니라도 괜찮습니다. 읽을 책과 함께한 추억을 적어둬도 좋습니다. '2021년 3월, 벚꽃 보러 가는 경주행 KTX 안에서 읽기 시작한 책' 정도로 써도 좋습니다. 책과 인사를 나눈다고 생각하면 좋습니다.

책을 읽으면서 중간중간 마음에 드는 문장을 발견하면 밑줄을 그어둡니다. 표현이 마음에 들 수도 있고, 사건의 핵심이 될 만한 문장일 수도 있고, 주인공 마음을 가장 잘 보여주는 문장일 수도 있습니다. 가끔 메모를 써둬도 좋습니다. 저자나 주인공과 대화를 나누듯 글을 써놓거나 다음에 이 페이지를 펼칠 나에게 편지를 남겨도 좋습니다.

책을 다 읽었다면 마지막 페이지에 한 줄로 감상을 적어둬도 좋습니다. 뭔가 할 말이 많을 때도 있습니다. 그럴 땐 말로 풀어내면 좋습니다. 말로 풀어낼 때는 상대가 있으면 좋습니다. 부모님에게 이 책이 어떤 책이고 어떤 내용을 담고 있고 어느 부분이 감동적이며 어떤 부분은 공감이 가고 어떤 부분은 동의가 되지 않는지 등을 이야기하는 것도 좋습니다.

부모는 들으면서 중간중간 질문을 던져주면 좋습니다. 아이는 자신이 알고 있는 내용, 생각, 느낌을 더 자세하고 구체적으로 이야기해줄 겁니다.

아이가 읽은 책 중에서 엄마 아빠도 함께 읽었으면 하는 책을 골라달라고 해도 좋습니다. 한 달에 5권쯤 읽는 아이라면 1권 정도를 추천할 겁니다. 추천한 책을 부모가 읽은 다음 아이와 이야기를 나눠보면 좋습니다. 반대로 부모가 아이와 함께 읽으면 좋을 책을 먼저 읽고 아이에게 권한 후 이야기를 나눠도 좋습니다. 책을 읽고 서로 감동받은 내용을 내 경험에 비추어 이야기해보는 등 매우 다양한 대화를 끌어낼 수 있습니다.

'흔적 남기기와 말하기'는 깊게 읽기를 가능하게 하여 독후감을 쓰지 않고도 쓴 효과를 낼 수 있습니다. 책을 읽으라고 했더니 낙서를 하고 그림을 그리는 아이도 있습니다. 괜찮습니다. 감상을 늘 공책에 글자로 남겨야 하는 건 아닙니다. 어디에든 남긴다면 그것이야말로 독후감입니다.

흔적 남기기와 말하기는 독후감 숙제가 나왔을 때도 진가를 발휘합니다. 이삭줍기를 하듯 흔적을 모으고 주고받은 대화를 떠올리면 수월하게 쓸 수 있기 때문입니다. 그럼에도 독후감은 형식을 갖춘 글이니 요령이 필요하겠지요? 몇 가지 요령을 살펴보겠습니다.

① 제목을 잘 쓴다

《책 먹는 여우》를 읽고'라고 써도 되지만 너무 뻔해 보입니다. 이왕이면 내 독후감이 읽고 싶어지도록 써주면 좋습니다. 나에게 이 책이 어떤 책이었는지를 써주면 쉽습니다. '이렇게 재미있는 책은 처음이야!《책 먹는 여우》 정도라도 써줘야 합니다.

책 제목을 내가 새로 짓는다면 어떻게 지을지 써보게 하면 좋습니다. '여우 아저씨의 이중생활' 정도도 괜찮겠지요. 예고편처럼 '여우 아저씨는 어쩌다 책을 먹게 되었을까?', '그 많던 도서관 책에 누가 침을 흘리는가?' 정도도 괜찮겠네요. 가장 인상 깊었던 장면을 빼와서 '책을 맛있게 먹는 101가지 방법', '책을 납작하게 펼치고, 소금과 후추를 톡톡 뿌리고, 접어서 냠냠냠' 정도도 좋습니다. 책을 한 줄로 요약해서 '책 도둑의 최후, 베스트셀러 작가?'처럼 써도 나쁘지 않습니다. 잘 쓰길 바라지 마세요. 조금이라도 다르게 썼다면 칭찬해주세요.

"제목 그냥 대충 쓰면 안 돼요?" 하는 아이들이 많습니다. 그래도 조금 노력해보자고 하면 애써보는 아이들입니다. 그러다 아이가 봐도 괜찮은 제목이 나오면 입이 귀에 걸립니다. "어쩜 전문 카피라이터야 뭐야? 왜 이렇게 잘 지은 거야?"라며 듬뿍 칭찬해주세요. 그렇게 아이가 자기 글을 좋아하게 만들어주세요.

② 책과 처음 만났을 때, 그 순간을 담아준다

이 책을 어떻게 만났는지, 왜 읽게 되었는지, 책 표지와 제목을 처음 봤을 때 어떤 인상이었는지, 무슨 내용이 펼쳐질 것 같았는지 등을 쓰고 저자나 이야기의 배경에 대해서도 써주면 좋습니다.

당연히 엄마가 읽으라고 해서, 학교에서 독후감을 내라고 해서,

추천 도서 중 하나라서, 생일 선물로 받아서 등 뻔한 내용으로 글을 시작하는 아이들이 많습니다. 같은 내용이라도 '엄마가 왜 이 책을 읽으라고 한 걸까?', '이 책이 무엇이기에 추천 도서로 선정된 걸까?', '친구는 왜 이 책을 생일 선물로 준 걸까?'라는 질문에 답하는 식으로 써보라고 해도 좋습니다.

가장 좋은 방법은 부모와 아이가 읽을 책에 관해 이야기를 미리 나눠보는 겁니다. 책을 이리저리 훑어보면서 어떤 느낌인지, 어떤 내용이 담겨있을 것 같은지 이야기하면 좋습니다. 부모가 알고 있는 저자, 그림, 배경에 관한 이야기를 들려줘도 좋습니다. 이전에 읽은 책 중 비슷한 책이 있거나 같은 저자가 쓴 책이 있다면 연결해서 이야기를 해봐도 좋습니다.

③ 책 내용을 담는다

줄거리나 주인공을 짧게 소개하거나 인상에 남는 내용을 시간순, 감정순, 주인공순 등으로 자세히 소개하고 감상을 남겨줍니다.

아이들에게 독후감을 쓰라고 하면 줄거리를 쓰느라 힘을 다 빼곤 합니다. 그나마 쓴 줄거리도 시작은 자세한데 어느 순간 흐지부지 끝내버리곤 합니다. 어떤 아이들은 공책 한바닥을 온통 줄거리로 채우곤 뿌듯해하기도 합니다. 힘이 빠져서 혹은 너무 뿌듯해서 더 이상 감상을 쓰는 데 힘을 쏟지 않습니다.

이렇게 되지 않도록 줄거리를 바로 쓰게 하지 말고 요약해서 말해보라고 합니다. 처음에는 횡설수설하고 구구절절 말하던 아이도 여러 번 연습하면 네댓 문장으로 줄일 수 있습니다. 아이가 한 말을 부모가 열 문장 정도로 줄여주고, 아이에게 다시 열 문장을 네댓 문장으로 줄여보라고 해도 좋습니다. 이 과정이 능숙해지면 바로 써도 좋지만 아니라면 충분히 연습해야 합니다.

가끔 줄거리나 내용을 전혀 쓰지 않고 감상으로 독후감을 채우는 아이도 있습니다. 줄거리를 쓰느라 힘을 빼느니 감상으로 글을 채우는 게 낫습니다. 저 역시 권장하는 독후감 형식입니다. 다만 대회용 독후감이라면 이야기는 달라집니다. 대회용 독후감은 책을 읽지 않은 사람이 읽어도 대략 글의 내용을 이해할 수 있도록 써야 하기 때문입니다. 이런 경우라면 책 소개문 형식을 빌려와 써보도록 유도하거나 영화 예고편 같은 북 트레일러 대본처럼 글을 써서 전달하는 방식을 알려줘도 좋습니다.

전체 내용 소개를 간략히 마쳤다면 다음으로 감동적인/인상 깊은/특별한/새로운/의미 있는 내용을 소개하고 감상을 적습니다. 해당 내용을 요약해서 정리해도 좋지만 책 속 문장을 그대로 옮겨 써도 좋습니다.

이어서 요약한 내용 또는 문장이 어떤 의미인지 감상을 적습니다. 내용-감상, 내용-감상, 내용-감상 형태로 글을 이어가면 좋습니다. 꼭 내용이 아니라 내용을 이끌어가는 주인공이나 등장인물을 소개하고 그 인물의 감정에 이입하여 감상을 이어 써도 좋습니다.

마지막으로, 책을 다 읽은 다음 전체 감상을 정리해주면 좋습니다. 전체 내용(줄거리) 요약 → 세부 핵심 내용과 감상 → 전체 감상

순입니다. 전체 내용과 전체 감상을 바로 이어 쓰고 세부 핵심 내용과 감상을 써도 괜찮습니다. 여기서 소개한 순서는 기본입니다. 익숙해질 때까지 쓰고 버려도 되는 소모품으로 여기는 편이 좋습니다. 결국 가장 좋은 글쓰기는 틀과 형식에서 자유로워지는 글쓰기입니다.

④ 책과 나를 연결한다

독후감에서 결론에 해당하는 부분입니다. 결론에는 순수하게 내 생각, 느낌, 감상이 들어가야 합니다. 앞서 '③책 내용을 담는다'가 작가의 시선을 따라 읽고 공감하는 독서 과정을 그대로 옮긴 거라면, 결론 부분은 책에서 한발 물러나 나와 연결하는 과정입니다. 그러려면 책을 나만의 시선으로 바라볼 수 있어야 합니다. 즉, 책 내용을 내가 겪은 일과 비교하거나 내가 아는 생각에 비추어 바라볼 수 있어야 합니다. 또한 내가 겪지 않았지만 알고 있는 이야기나 사회 문제와 비교하여 연결하고 정리할 수 있어야 합니다.

기본 순서에 맞춰 독후감을 써보겠습니다.

① 독후감 제목 ↓↓↓

알쏭달쏭! 책은 어떤 맛일까?: 《책 먹는 여우》를 읽고

② 책을 만나다(첫인상) ↓↓↓

책장에 책이 잔뜩 꽂혀있다. 엄마가 아이들에게 글쓰기를 가르치려고 사둔 책들이다. 심심해서 책장을 쭉 훑어보는데 《책 먹는 여우》가 눈에 띈다. 엄마에게 딱 어울리는 책이다. 우리 엄마는 밥보다 책을 많이 보기 때문이다. 오래된 책은 퀴퀴한 냄새가 나고 새 책은 펼칠 때마다 짝짝 소리가 나는데, 이 책은 넘길 때마다 옷장 냄새가 났다. '책 먹는 여우'는 이런 이상한 냄새와 소리를 좋아하는 게 분명하다.

③ 책을 읽다(내용과 감상) ↓ ↓ ↓

책을 다 읽고 나면 먹어치우는 여우가 살았다. 하지만 여우는 책을 매일 사 먹을 만큼 돈이 없었다. 그래서 도서관에 있는 책을 몰래 훔쳐 먹었는데 그만 사서에게 들켜버렸다. 도서관에 갈 수 없자 어쩔 수 없이 서점에서 책을 훔쳤는데 마침 걸려서 감옥에 갇혔다. 다행히 교도관의 도움으로 소설을 쓰게 되었고 그 소설은 베스트셀러가 되었다는 이야기다.

책을 얼마나 좋아하면 책을 훔쳐 먹고, 감옥에 들어서가도 계속 먹는 건지 신기하다. 그렇게까지 책 먹는 것을 좋아하는 여우의 행동이나 표정을 그림으로 보면 재미있다. 하지만 서점이나 도서관의 책들은 내 맘대로 볼 수 없는 것인데 여우처럼 맘대로 먹거나 찢는 것은 옳지 않다고 생각한다. 내가 좋아하는 일이라고 해서 다른 사람에게 피해를 주는 것은 나쁘다. 만약에 사람들이 책을 좋아한다고 해서 서점에서 훔치거나 도서관에서 가져가버리면, 우리나라에 있는 재미있는 책들이 모조리 사라질 것이다.

④ 책과 나를 연결한다 ↓↓↓

여우 아저씨는 책이 너무 맛있다며 더 맛있게 먹기 위해 소금도 치고 후추도 뿌려 먹었다. 나라면 그렇게 못 먹을 것 같은데, 어떻게 여우 아저씨는 그렇게 책이 맛있다고 하는 걸까 신기하다. 내 친구 중에도 책이 너무 재미있다며 도서관에 한번 들어가면 나올 생각을 하지 않는 아이가 있다. 그 아이가 책 볼 때 표정이 꼭 여우 아저씨 같다. 여우 아저씨는 책이 좋아서 책 주변을 어슬렁어슬렁 다니며 오늘은 무슨 책을 먹을까 호시탐탐 노렸다. 내 친구도 그렇다. 나는 그렇지는 않지만, 책 먹는 여우를 보니 내가 좋아하는 아이스크림을 먹을 때와 표정이 비슷하다는 것을 느꼈다.

책을 맛있게 먹는 나만의 방법을 만들고 싶어졌다. 여우처럼 진짜로 소금과 후추를 뿌려 먹는 건 말도 안 된다. 하지만 책을 읽으며 내가 재미있었던 부분에 표시를 하고, 그 부분을 다시 재미있게 읽고, 그림을 그리거나 이렇게 글을 쓰면서 책을 더 맛있게 읽는 것이다. 여우 아저씨는 나빴지만, 그래도 이렇게 깨달음을 주었으니, 나한테 책은 참으로 알쏭달쏭한 맛이다.

04

여행의 산물
기행문 쓰기

기행문은 여행을 하면서 보고, 듣고, 느끼고, 겪은 일을 자유롭게 쓴 글입니다. 여행을 다녀와서 쓰는 기록 형식의 일기라고 생각하면 편합니다. 일기에 제목과 날짜를 적듯, 기행문의 기본 형식은 제목과 전체 일정을 적는 것입니다.

곤충이 머리-가슴-배로 나뉜 것처럼, 기행문도 시작-본문-마무리로 나뉩니다.

① 시작

기대와 설렘을 솔직히 쓰면 좋습니다. 동기와 목적은 적지 않아도 됩니다. 어른과 마찬가지로 아이도 목적 없는 여행에서 더 큰 걸 얻어오는 법입니다.

- 여행 동기, 목적, 기대를 표현합니다.
- 여행지에 대해 아는 내용과 알아본 내용을 간략히 적습니다.
- 여행지에 가서 하고 싶은 일과 계획을 적어도 좋습니다.

② 본문

시간대별 또는 장소별로 여정(어디를 갔는지)-견문(무엇을 보고, 듣고, 했는지)-감상(무엇을 느꼈는지)을 반복해서 적습니다. 견문을 자세하고 구체적으로 적을수록 좋습니다.

- 출발할 때 날씨나 있었던 일을 씁니다(폭우가 와서 일정이 늦춰졌다거나 산들바람이 불어 기분이 좋았다거나).
- 여행지로 가면서 생긴 일도 쓰면 좋습니다(길을 잘못 들었거나 누군가를 만났거나).
- 여행지의 첫인상과 느낀 점을 씁니다.
- 여행지에서 무엇을 보고, 듣고, 했는지 씁니다.

③ 마무리

여행을 마치고 돌아와 느낀 점을 씁니다. 본문이 여정별 기록과 감상이라면 마무리는 전체 여정에 대한 정리와 감상입니다.

- 여행을 통해 알게 된 생각이나 느낌, 좋았던 점과 아쉬운 점 등을 씁니다.
- 다음 여행을 위한 준비와 계획을 써도 좋습니다.

기본 순서에 맞춰 기행문을 써보겠습니다.

2021년 5월 19일, 우리 가족이 함께한 공주의 추억

① 시작 ↓↓↓

토요일인데 날씨가 너무 화창하고 나뭇잎이 바람에 살랑거렸다. 집에서 쉬고 싶은 마음도 있었지만, 왠지 밖에 안 나가면 억울할 것 같은 마음도 있었다. 그때 엄마가 말씀하셨다.

"얘들아~ 오늘 날씨가 좋은데 드라이브 하러 가지 않을래?"

그렇게 우리의 짧은 여행이 시작되었다. 우리는 신이 나서 너도 나도 가져가고 싶은 것을 챙겼다. 여행지에 가서 보고 싶은 책과 필요한 그림 도구들과 장난감을 고르는 동생들을 보면서 나는 가서 가만히 쉬고 싶은 마음에 그림 그릴 도구만 간단히 챙겼다. 가는 길은 출발부터 좋았다. 날씨가 너무 화창했다. '역시 나오길 잘했어!' 생각하며 창밖을 보았다.

② 본문 ↓↓↓

어느 새 공주에 도착했다. 집에서 출발하자 30분 정도밖에 걸리지 않았다. 공주에 도착해서 맛있는 장어구이를 먹었다. 엄마는 평소 우리에게 먹이고 싶은 음식이었다며 몸에 좋으니 많이 먹으라고 하셨다.

공주는 처음 와봤지만 도시 이름이 예쁘고 친숙해서 좋았다. 엄마는 무엇보다 우리 집과 가까운 거리에 있어 부담 없이 오기 좋다고 하셨다. 달리는 차창 밖으로 금강이 흐르는 것을 보며 아름다운 곳이라 느꼈다.

식사 후 카페에 가서 우리 가족은 책을 읽고 준비해 간 그림 도구로 그림을 그렸다. 카페도 너무 아름다웠지만 더 좋았던 것은 널찍한 카페에서 즐기는 여유, 맛있고 시원한 청포도 에이드, 그리고 처음 보는 종류의 빵들이었다. 엄마는 돈으로 할 수 있는 일들 중에 '누군가의 경험을 사고, 멋진 장소에서 시간을 사고, 맛있는 음식을 먹으며 우리들의 추억을 사는 것'이 의미 있다고 하셨다.

뭔가 잘 모르지만, 여행이란 건, 우리가 함께할 수 있는 일 중에서 꽤나 멋진 일인 것 같다. 우리 동네에도 카페나 식당이 있지만, 공주는 우리 가족이 함께 보낸 시간이기에 더욱 특별했고 오래 기억에 남을 것 같다.

③ 마무리 ↓↓↓

무엇보다 공주에서 느낀 오늘의 편안함이 공주에 대한 이미지로 남았다. 공주는 금강이 흐르고, 푸른 산이 많고, 멋진 카페에서 우리가 보낸 시간이 있는 곳. 이번에는 가벼운 나들이였지만 다음에는 책에서 본 공산성에 들러 활쏘기를 해보고 싶다.

내가 느낀 여행의 장점: 긴 시간을 온전히 노는 데 쓸 수 있다. 그냥 좋다. 기분이 좋아진다. 평소에 맛보지 못했던 음식을 먹을 수 있다. 서로 웃는 모습을 많이 볼 수 있다. 자유롭다. 다음에 또 오고 싶다는 소망이 생긴다. 여행하지 않았더라면 우리나라에 이런 곳이 있는지 몰랐을 것이다.

공주 장어구이 강추,
공주 카페 강추,
금강이 아름다운 공주로 오세요!

아무리 틀이 있는 기행문이라 해도 똑같은 틀에 맞춰 쓰면 재미가 덜합니다. 그건 보는 사람도 그렇지만 쓰는 사람도 마찬가지입니다. 조금씩 변형하면서 자신만의 틀을 만들어가는 연습을 해보면 좋습니다.

보통 장소별 시간순으로 쓰지만 경험 위주로 써도 괜찮습니다. 특별한 장소 한 곳을 정해 집중적으로 써도 좋고, 일기처럼 나만 보는 용도로 써도 좋습니다. 일정을 표로 간략히 정리하고 사진을 붙여서 사진에 감상을 써도 보기 좋습니다.

대회 제출용에는 사색을 도드라지게 쓰면 눈에 띕니다. 현장 체험 보고서라면 주요 장소에 대한 의미와 소감을 위주로 써보세요. 코로나19로 모둠 활동이 줄었지만 고장/지역/유적 체험은 모둠 과제로 진행될 때도 있습니다. 학교 그룹 과제라면 장소별로 분담해서 쓰면 완성도가 훨씬 높아집니다.

기행문을 쓸 때에 다음 몇 가지를 주의해서 써보세요.

① 여행을 통해 새롭게 알게 된 내용을 쓿니다.
② 생각이 떠오르면 그때그때 메모하고, 기억에 남을 사진을 찍어둡니다.
③ 날씨와 계절, 색감, 풍경 등이 잘 드러나게 쓰면 글이 생생해집니다.
④ 전단지나 인터넷에서 찾은 지식보다는 직접 가서 겪은 사실 위주로 씁니다.
⑤ 여행지가 지방이라면 사투리를 배워 활용해도 기억에 남고 재미있습니다.

05

때로는 호기롭게
연설문 쓰기

연설문은 나의 의지와 계획을 전하여 상대방을 설득하는 글입니다. 설득하는 과정에서 필요하고 강력한 힘을 발휘하는 것이 '설명'인데요, 어떤 사실에 대해 상대방이 이해하기 쉽게 잘 표현하고, 그렇게 잘 '설명'하는 과정을 통해 상대방을 내 편으로 끌어당기는 것이 연설입니다.

연설문은 당연히 상대를 앞에 두고 말을 하듯 써야 합니다. 그래서 연설문을 쓰게 할 때는 먼저 휴대전화로 음성이나 영상을 녹음 또는 녹화해서 제출하게 합니다. 글은 바로 쓰던 아이도 녹음을 해오라고 하면 대본을 쓰고, 대본을 읽으며 다듬은 다음에 녹음 버튼을 누릅니다. 스스로 알아서 글을 고치고 다듬는 셈입니다.

예를 들어 출근한 엄마나 아빠 또는 조부모님에게 보내는 영상을 찍어보라고 합니다. 3분 스피치를 하듯 자기소개를 해도 좋고, 쇼 호스트처럼 책을 설명해도 좋고, 일타 강사처럼 내일 볼 시험 내용을 정리하거나 설명해도 좋습니다.

오늘 하루 있었던 일을 브리핑해도 좋고, 부모님이나 친구나 동생을 인터뷰하는 영상도 좋습니다. 너무 긴 영상보다는 3분이나 5분으로 제한하는 게 좋습니다. 짧아야 더 짜임새 있게 대본을 만들어서 작업합니다.

대본 없이 바로 촬영하면 횡설수설하고 쓸데없는 말이 들어가 어수선해집니다. 예를 들면 '음, 어, 그러니까' 같은 말이나 '솔직히 말해, 정리하면, 짧게 말하면' 같은 말이 반복해서 들어가기도 합니다. 프로가 아니다 보니(사실 전문 유튜버조차 대본을 쓰고 작업하는 게 일반적입니다) 말을 하다 머뭇거리거나 뜸을 들이기 때문입니다.

녹음이나 녹화 작업은 아이의 말하기 실력도 키울 수 있지만 자신감도 키울 수 있는 방법입니다. 대본을 쓰면서 흐름을 논리적으로 기술하는 방법, 축약해서 전달하는 방법, 포인트를 살리는 방법 등을 자연스럽게 배우기도 합니다. 무엇보다 음성이나 영상을 받은 사람은 대부분 고맙다고 하고 칭찬을 덧붙입니다. 긍정적인 피드백은 아이의 자신감을 북돋우고 동기부여가 됩니다. 녹음하거나 녹화하기 좋은 주제를 몇 가지 소개하면 다음과 같습니다.

- 내가 아끼는 물건을 소개합니다.
- 우리 집 ○○○을 소개합니다(강아지/고양이/고슴도치, 내 방/거실, 레고 블록/인형 등).
- 오늘 내게 일어난 사건/사고/경험을 말합니다.
- 지금 내 기분과 하고 싶은 말을 영상 편지를 쓰듯 전합니다.
- 친구/부모/조부모에게 평소 하고 싶었던 이야기를 전합니다.
- 깜짝 놀랄 일이나 재미있는 소식을 뉴스를 전달하듯 전합니다.
- 상장을 받은 날은 시상식을 생중계하듯 전합니다.
- 내가 만든 작품(그림/레고 블록/글 등)이나 재주(물구나무서기/줄넘기 등)를 소개합니다.

이외에도 할 수 있는 주제는 무궁무진합니다. 그날그날 필요한 주제를 정해서 해보면 좋습니다. 앞에서도 말했듯, 촬영 시간은 3~5분이 적당합니다. 길어지면 찍는 사람도 보는 사람도 부담스럽습니다. 한정된 시간 안에 하고 싶은 이야기 또는 해야 할 이야기를 매끄럽게 연습하려면 3~5분이 적당합니다.

임원 선거용 녹음과 영상 촬영하기

해마다 학교에서는 임원 선거를 합니다. 아이가 임원 선거를 준비 중이라면 연설문과 공약을 미리 써보게 하는 게 좋습니다. 이렇게 쓴 글을 외우거나 영상으로 찍어보면 더 좋고요.

영상으로 보면 아이가 말할 때 눈을 얼마나 자주 깜박이는지, 눈동자를 특정한 방향으로 자꾸 보내지는 않는지, 손짓 발짓은 어떻게 하는지, 특유의 반복적이고 거슬리는 말버릇이 있는지, 발음과 속도는 적절한지, 표정은 편안하고 자신감은 넘치는지, 몸을 너무 흔들지는 않는지, 좋은 인상을 주는지 등 많은 것을 볼 수 있습니다.

임원 선거는 아이들에게 중요한 선거입니다. 나름 아이들을 위한, 아이들에 의한 이벤트지요. 임원 선거에 관심 없는 아이들도 있지만, 스스로 도전해보고 싶어하는 아이들도 있습니다. 이때 휴대전화 동영상 촬영 기능을 활용해서 사전 연습을 한다면 말하기와 글쓰기, 발표, 선거 연습까지 일석사조의 유익을 얻을 수 있습니다.

아이들의 선거 문화는 어른과 비슷합니다. 내가 할 수 있는 일을 먼저 찾아야 합니다. 선심성 공약은 금물입니다. 선물을 돌리겠다거나 급식에 인스턴트식품을 넣겠다는 공약은 할 수 없는 일이자 해서는 안 될 일입니다. 상대방의 약점을 부각하거나 물고 늘어져서도 곤란합니다.

내 강점과 신념을 전하는 일에 집중해야 합니다. 무엇보다 솔직하게 써야 합니다. 사람은 어른이든 아이든 갑자기 바뀌지 않습니다. 지금껏 해온 일을 솔직하게 써내고 즐거운 학교생활이 될 수 있도록 노력하겠다는 모습을 보여줘야 합니다.

친구들 입장에서 '저 친구를 뽑으면 내 학교생활이 편안해지겠다/도움이 되겠다/좋을 것 같다'라는 생각이 들도록 해야 합니다. 이렇게 말하면 도무지 감이 안 오고 뻔하게 느껴질 겁니다. 나쁜 예와 좋은 예를 보면서 감을 잡아봅시다.

제가 만약 학생회장이 된다면, 저는 친구들이 싸우지 않게 만들고 학교생활을 편안하고 즐겁게 할 수 있도록 노력하겠습니다. 그러니 저를 꼭 학생회장으로 뽑아주세요. 만약 저를 선택하지 않으면 후회할 수도 있습니다.

저는 달리기도 잘하고 발표도 잘하고 공부도 잘합니다. 과학도 잘하고 수학도 잘해서 잘 못하는 친구들에게 설명해줄 수도 있습니다. 저는 장난감이 많아서 나눠줄 수도 있습니다.

저는 학교 임원이 꼭 되고 싶어요. 열심히 하겠습니다.

강점이나 장점을 부각하는 건 좋지만 자기 자랑만 하면 사람들은 듣고 싶어하지 않습니다. 강점과 할 수 있는 일을 매우 구체적으로 적어야 하는데 두루뭉술하게 넘어가면 아무런 공약이 없다고 여깁니다. 나를 왜 뽑아야 하는지 설득하지 않고 그저 뽑아달라고 하면 아무도 뽑아주지 않습니다.

또한 글이 매끄럽게 읽히도록 문장을 충분히 다듬어야 합니다. 기왕이면 말하듯 자연스럽게 읽혀야 합니다. 평소 자신이 쓰는 말투를 자연스럽게 쓰는 게 좋습니다. 평소와 달리 딱딱하고 건조하게 쓰면 부모님이 써줬다는 오해를 받기도 합니다.

저는 꿈이 하나 있습니다. 사랑하는 하늘초등학교와 학생들을 위해 의미 있고 보람 있는 일을 해보는 것입니다.

저는 친구들이 오해로 갈등할 때 화해할 수 있도록 노력하는 것을 좋아합니다. 친구의 말을 귀담아듣는 것을 잘합니다. 학교생활에 불편함이 있으면 학생들을 위해 용기 있게 말할 수 있는 배짱도 있습니다.

저는 학창 시절이 즐거워질 수 있도록 학생들이 원하는 이벤트를 만들고 싶습니다. 상장을 다양하게 만들어서 모든 아이들이 자신의 장점을 알고 졸업하도록 만들고 싶습니다. 학교와 동생들을 위해 모든 학생이 졸업할 때는 작은 선물을 남기고 갔으면 좋겠습니다. 화단에 작은 묘목을 심어서 우리가 졸업한 뒤에도 큰 나무로 자라가는 것을 보고 싶습니다. 이런 제 꿈은 우리 학교를 더 좋은 학교로 만들고 더 행복한 학생들로 만드는 꿈이기도 합니다.

저는 그것을 위해 용기 내어서 학생 임원이 되고자 나왔습니다. 제 꿈을 응원해주고 싶다면 저를 선택해주세요. 여러분이 실망하지 않도록, 저 자신과의 약속을 지키면서 오늘의 공약이 이루어지는 그때까지 힘차게 노력하겠습니다.

앞으로 즐거운 추억을 만들어갈 수 있도록 임원으로서 노력할 것입니다. 제 꿈을 응원해주세요. 제 말을 끝까지 귀 기울여 들어주셔

서 정말 감사합니다. 저 또한 여러분의 말을 더욱 귀담아듣는 사람
이 되겠습니다. 감사합니다.

06

나만의 세상
상상 글쓰기

어린아이일수록 상상해서 말을 많이 합니다. 꿈이나 생각을 과장하거나 일어나지 않은 일을 마치 있었던 일처럼 말하기도 합니다. 열 살이 넘은 아이들도 '내가 마법사라면?', '내가 하늘을 날 수 있다면?', '세상에서 고양이가 모두 사라지면?', '지진이 일어나면?', '다시 엄마 배 속으로 들어가면?' 같은 재미있는 상상과 근심 어린 공상을 함께 합니다. 아무 일도 없는데 혼자 신났다 혼자 심각해지기도 합니다.

초등 시기는 다른 어느 시기보다 상상력이 풍부할 때라 글쓰기에 잘 활용하면 큰 도움이 됩니다. 상상 글쓰기로 상상의 나래를 펴서 환상적인 여행을 할 수 있고, 근심과 걱정을 풀어내거나 덜어낼 수 있습니다.

사실 '상상'이라고 하면 조금 거창하게 생각하는데 아이들이 생각하는 상상에는 '공상'만 있는 건 아닙니다. 앞으로 일어날 일에 대한 예측이나 과거를 되짚는 후회도 상상에 속합니다. 어쩌면 실제로 일어난 일이 아닌 모든 생각이 상상일 수도 있습니다. 그래서인지 상상은 아이들의 일기에도 편지에도 독후감에도 기행문에도 불쑥불쑥 등장하곤 합니다. 그만큼 친숙한 글쓰기라는 이야기입니다.

아이들은 이미 교과서와 학교 수업을 통해 상상 글쓰기를 연습하고 있습니다. 실제로 수업을 할 때 아이들이 마주하는 질문을 보면 다음과 같습니다.

- 다음 글을 읽고 그 뒤에 이어질 내용을 상상하여 쓰시오.
- 다음 그림을 보고 이야기를 마음껏 꾸며보시오.
- 세 가지 그림 뒤에 이어질 마지막 장면을 표현해 4컷 만화를 완성해보시오.
- 주인공이 '왜' 그렇게 행동한 건지 내 생각을 글로 써보시오.
- 우리나라의 소중한 문화를 지키려면 어떤 노력을 해야 할지 쓰시오.
- 다음 문장을 넣어서 자유롭게 이야기를 꾸며보시오.
- 자신이 상상한 이야기를 친구들 앞에서 발표해보아요.
- 이야기의 결말을 상상하여 자신만의 생각으로 바꾸어 쓰시오.

- 내가 세종대왕이라면 이 상황에서 어떻게 했을지 이야기를 해
  보아요.
- 미래에 일어날 일들(해양 도시, 우주 도시 등)을 상상해서 표현
  해보아요.

이게 무슨 상상일까 싶지만 '실제로 경험하지 않은 현상이나 사물을 마음으로 그려보는' 건 모두 상상입니다. 어른들에게 상상 글쓰기는 거창한 판타지나 환상 이야기일 수 있지만 초등 아이들에게 상상 글쓰기는 일상 글쓰기와 크게 다르지 않습니다. 그러니 조금 쉽게 생각해주세요. 쉽다고 해도 어쨌든 상상력을 자극하고 이끌어주고 싶을 거예요. 어떻게 해야 할까요? 평소에 훈련하면 좋을 방법을 10가지로 정리하면 다음과 같습니다.

① 다양한 분야의 책을 읽고 이야기를 덧붙여봅니다.
② 주변에서 어떤 일이 일어났을 때 나라면 어떻게 했을지 떠올려봅니다.
③ 기발한 생각이 떠오르면 글로 써뒀다가 시간이 날 때 이어 써봅니다.
④ 사물을 의인화해서 지금 무슨 생각을 하고 행동을 할지 생각해봅니다.

　　예 개미나 메뚜기가 말하는 상상/나비와 잠자리가 친구가 되면 일어나는 일/구름이 말을 하면 내게 무슨 말을 걸까?

⑤ 반대 상황을 상상해봅니다.

　　예 (밥을 먹는 상황에서) 세상에 쌀이 없다면?, 쌀이 빨간색
　　이라면?, 밥솥이 고장 나면?

⑥ 마음껏 놀면서 자라는 시간을 만들어주세요. 놀면서 마음껏
　　상상하고, 거꾸로 생각하고, 이것저것의 차이를 알게 됩니다.

⑦ 잘 알고 있는 이야기를 활용해서 자유롭게 이어 써봅니다.

⑧ 원래 이야기와 반대로 상상해봅니다.

⑨ 단어를 이용해서 이행시나 사행시로 표현해봅니다.

⑩ 글로 쓰기 전에 부담을 덜고 흥미를 느낄 수 있게 그림으로
　　표현해봅니다.

상상하며 글쓰기를 순서대로 진행해볼까요? 이야기의 중심축이
되는 '인물', '사건', '배경'을 주의 깊게 생각해보세요. 그중에서 특히
무엇을 바꿀지 결정해서 이야기를 풀어나가면 됩니다.

① 인물을 바꾼다

빠른 토끼 → 느린 토끼, 착한 신데렐라 → 욕심쟁이 신데렐라,
잠자는 숲속의 공주 → 잠 안 자는 숲속의 공주, 남자 → 여자, 고양
이 → 고양이 집사 등으로 자유롭게 바꿀 수 있습니다. 인물의 성격
이나 성별만 바꿔도 이야기가 완전히 다른 방향으로 흘러가는 걸
알 수 있습니다.

② 사건을 바꾼다

'미운 오리 새끼가 모두에게 사랑을 받는다면?', '콩쥐팥쥐에서 일어나는 사건을 바꾼다면?', '흥부놀부에서 도깨비가 만들어내는 사건을 바꾼다면?' 등으로 바꿀 수 있습니다. 중심 사건을 하나만 바꿔도 전체 분위기가 바뀌는 걸 알 수 있습니다.

③ 배경을 바꾼다

조선 시대 한성 → 서울, 영국 → 대한민국, 부잣집 → 가난한 집, 현재 → 미래 도시 등으로 바꿀 수 있습니다.

인물, 사건, 배경을 모두 바꾸면 이야기 전개가 복잡해서 상상하기 어려워집니다. 흔들리지 않도록 한 가지로 제한해야 집중력과 상상력이 발휘됩니다. '잠자는 숲속의 공주'를 가지고 이야기를 바꿔보겠습니다.

① 인물을 바꾼다 ↓↓↓

잠자는 숲속의 공주가 마녀의 실수로, 잠 안 자는 숲속의 공주가 되었어요. 공주는 잠이 오지 않아 심심했어요.

"뭐야~ 하인들도, 강아지도 다들 잠을 자잖아? 누구 나랑 놀아 줄 사람 없나?"

그러다 마주 오는 마녀를 발견했고 공주의 얼굴이 환해졌어요.

"마녀야~ 나랑 놀자~"

"뭐야~ 아직도 밤이네? 나랑 숨바꼭질 하자~"

마녀는 공주가 잠 안 자고 계속 쫓아오자 힘들어지기 시작했어요.

'왜 마법이 통하지 않지? 어서 자란 말이야~ 너무 괴로워, 으악!'

마녀는 너무 괴로워서 자신에게 마법을 걸었어요.

"삐빠루삐빠빠! 공주가 아무리 불러도 깨지 않게 1년간 잠들어라~ 얍!"

이렇게 해서 마녀는 잠자는 숲속의 마녀가 되었답니다.

② 사건을 바꾼다 ↓ ↓ ↓

모두가 잠든 숲속 마을에 왕자가 나타났어요. 왕자는 마녀가 건 마법에 걸려 말을 하지 못했어요. 왕자는 마법을 풀어줄 사람을 찾아 헤매고 있었지요. 그것은 바로, 자신처럼 마녀의 나쁜 마법에 걸린 공주를 만나야 하는 것이었어요.

소문을 따라 마법에 걸린 공주를 찾아 숲속을 헤매던 왕자는 드디어 공주가 잠들어 있는 성에 들어가게 되었어요. 계단을 올라가던 끝에 잠에 빠진 공주를 본 왕자는 공주 옆에 무릎을 꿇고 앉았어요.

'마법에 걸린 공주를 드디어 찾았어. 공주, 내 마법을 풀어주오!'

속으로 외치고 왕자는 공주의 빰에 입을 맞추었어요.

'뭐지? 동화대로라면 지금쯤 눈을 떠야 하는데?'

왕자는 아직도 잠에서 깨어나지 않는 공주를 보며 볼을 살짝 꼬집었어요. 여전히 잠든 공주는 눈을 뜰 것 같지 않았지요.

'노래를 한번 불러볼까?'

왕자가 노래를 불렀어요. 왕자의 노랫소리가 공주의 귓가에 닿은 순간 공주의 눈이 떠졌고, 왕자도 말을 할 수 있게 되었어요. 그래서 왕자와 공주는 행복하게 살게 되었답니다.

③ 배경을 바꾼다 ↓ ↓ ↓

마녀는 공주를 우주로 보냈어요.

'아니, 여기가 어디지?'

잠에서 깬 공주의 눈앞에는 별들이 반짝이고 저 멀리 지구가 보였어요.

'어떡하지? 내가 우주에 왔나 봐~ 여기 너무 신기한데?'

행성을 돌아다니던 공주는 작은 동굴을 발견했어요.

'저긴 뭐가 있을까?'

호기심 많은 공주는 그 동굴로 들어가보았어요. 동굴을 따라 들어가자 그 끝에는 다른 행성으로 가는 출구가 있었어요.

"우와, 여기로 가면 무엇이 있을까?"

두려움 반, 호기심 반, 심장이 콩닥콩닥 뛰었지만 공주는 주먹을 불끈 쥐고 눈을 꼭 감았어요. 그리고 걸었어요. 갑자기 눈앞이 환해 졌어요. 공주가 눈을 뜨려 할 때, 낯익은 목소리가 들렸어요.

"뭐 해? 아침이야! 어서 일어나~ 학교 가야지, 지각할라~ 벌 써 8시야. 아휴, 어째, 아침 먹고 가야지. 일어나 얼른! 어제 숙제 한 건 잘 챙겼어? 어서 양치하고 세수하고 잠 깨! 일어나! 이불 개 고 가방 챙겨 나와. 오늘 비 온대, 우산 챙기고. 어디 보자, 지금 몇 시지? 빨리 빨리 빨리~"

'으악~ 뭐야! 꿈이었잖아!'

여전히 재촉하는 엄마의 목소리가 방 안을 맴돌며 메아리치고 있습니다.

한 가지 단어나 주제를 제시해서 자유롭게 창조해내는 글쓰기 도 좋습니다. 이때는 아이가 재미있게 읽은 이야기를 바꿔보자고 하 면 좋습니다. 재미있게 읽은 내용이라 선뜻 나설지도 모릅니다. 물 론 허무맹랑한 이야기로 흘러가거나 갑작스러운 결말을 맞이하기 도 합니다. 너무 뻔한 이야기를 할 때도 있고요. 처음이니 당연합니 다. 그렇게 말도 안 되는 이야기도 하다 보면 늘고 언젠가는 그럴 듯 한 이야기를 만들어내기도 합니다. 그때까지 듣고 봐주세요.

상상 글쓰기는 일기처럼 매일 써야 한다거나, 독후감처럼 줄거리나 느낌을 써야 한다거나, 편지처럼 대상을 놓고 써야 한다거나, 기행문처럼 형식을 갖춰야 한다거나, 연설문처럼 논리적으로 써야 한다는 조건이 없습니다. 부담 없이 자유롭게 쓸 수 있어 아이들이 쉽다고 여깁니다.

이왕이면 "오늘은 무얼 써볼까?" 하며 아이와 함께 쓰고 싶은 내용을 고르는 게 좋지만, 여의치 않다면 인터넷 서점에서 '상상 글쓰기'를 검색하여 나오는 책 중 하나를 골라 사줘도 좋습니다. 책이라기보다 공책에 가깝습니다. 상상력을 깨워줄 다양한 질문이 등장합니다. 질문에 답을 하는 것만으로도 아이의 상상 글쓰기는 하루가 다르게 늘어갈 겁니다.

질문에 답하는 형식의 상상 글쓰기가 어느 정도 자리를 잡으면 이야기를 직접 만들어보라고 해도 좋습니다. 6학년 윤진이에게 괴물이 나오는 동화를 상상해서 적어보라고 했습니다.

어느 날 나비는 숲속에서 산책을 하고 있었다. 몇 분 후 크고 이상하게 생긴 돌연변이 지렁이가 나비를 잡아먹을 듯 노려보았다. 지렁이가 나비를 잡아먹으려 하자 나비는 독이 있고 무시무시한 소나무와 같이 곤충 숲속 사우나에 가야 한다고 했다.

그 지렁이와 숲속에 사는 친구들까지 그 무시무시한 소나무를 알고 있다. 지렁이는 나비도 무시무시한 소나무와 친구인 줄 알고 엄청 놀랐다. 지렁이는 급하게 숲속 멀리 사라졌다.

나비는 마저 가던 길을 갔다. 근데 어디선가 바스락바스락 소리가 났다. 나비의 이웃 애벌레였다. 나비는 애벌레를 가만히 보니 김이 모락모락 나듯 열이 펄펄 끓고 있었다. 나비는 애벌레를 안고 너풀너풀 날아갔다.

그때 독이 있고 무시무시한 소나무가 퍽퍽 지진을 일으키듯이 애벌레를 안고 있는 나비 쪽으로 다가왔다. 소나무는 나비와 애벌레를 잡아먹으려고 했다.

애벌레를 안고 있는 나비는 전속력으로 뛰었다. 애벌레가 너무 무거워서 나비는 그만 중심을 잃고 쓰러졌다.

소나무는 애벌레와 나비가 너무 작아서 밟힌 줄도 모르고 나비와 애벌레를 향해 뛰었지만 체력을 다 써서 쓰러져서 죽었다. 그렇게 나비, 애벌레, 소나무는 장례식을 치르고 숲속은 눈물에 젖었다.

'숲속은 눈물에 젖었다'라는 표현이 이렇게 해서 세상에 나왔습니다. 아이가 작가가 된 순간입니다. 세상에 없는 표현, 세상에 없던 이야기를 마음껏 표현할 수 있는 것은 글자가 가진 힘입니다. 글자를 통해 마음껏 상상하자 이렇게 마법 같은 일이 일어납니다.

드물게 이야기 쓰기에 푹 빠지는 아이들이 있습니다. 처음에는 저렇게 시작하다 재미를 붙여 어느 순간 단편소설 분량을 써내기도 합니다. 일기를 쓰는 줄 알았는데 알고 보니 이야기를 짓고 있는 아이도 있습니다. 이런 아이들은 어느 정도 자신감이 붙으면 부모에게 봐달라고 합니다. 안 써봤으면 몰랐을 재능을 아이 스스로 발견해내는 겁니다.

부모로서 뭔가 도움을 주고 싶을 겁니다. 독자로서 꼼꼼하게 읽어주고, 재미있었던 부분을 이야기해주고, 궁금하거나 의문이 생긴 부분을 질문해주고, 다음 이야기도 궁금하다고 해주는 게 최선입니다. 당연히 진심을 다해서요. 첫 독자의 긍정적 반응은 아이의 필력에 불을 붙일 겁니다.

전문가에게 도움을 받고 싶다면 담임선생님에게 조언을 구하길 권합니다. 도움을 줄 수 있는 기관을 알려주실 겁니다. 사는 곳이 서울이라면 '전통문화재단 영재교육원 문예창작영재' 과정을 지원해보는 것도 좋습니다. 이외에도 드물긴 하지만 지역마다 산발적으로 어린이 작가 양성 과정이 마련되기도 합니다. 뜻이 있는 곳에 길이 있습니다. 아이가 부모에게 손을 내밀었듯 부모도 주변에 손을 내밀어주세요

"오늘도 아이들의 글쓰기를 응원합니다"